自動車エレクトロニクス「伝熱設計」の基礎知識

小型・高性能化する自動車用電子制御ユニット（ECU）の熱対策技術

篠田卓也 著

日刊工業新聞社

はじめに

あなたは、動作中のコンピュータの温度を下げることに苦労していませんか？　例えば、試作品を製作してみたら素子の温度が高温になってしまった、温度検証に時間がかかってしまった、はたまたリカバリーの熱対策に手間がかかってしまったなど、記憶にあると思います。挙句の果てには、その熱対策の費用がかかりすぎて製品企画自体が成立しなくなった、なんてことになりかねません。そのような状況のままで熱対策をするとしたら、ひと月程度も時間をとられてしまうことでしょう。

電子製品の課題としてEMCと双璧であるこの熱対策を、どのようにしたらスムーズに進められるでしょうか？　近くにいる先輩が伝熱技術を得意とするならば、教えてもらってなんとかなると思いますが、なかなかそうはいきません。

何をどうすればよいか、本書では、実際の量産設計の現場で使われている発熱対策をお伝えしていきます。本書で、過酷な環境で使われている自動車搭載用コンピュータ（ECU）の小さなコツを理解することで、伝熱設計のフロントローディング手法を理解することができます。

この本を手に取っていただきたい方は、コンピュータに搭載された半導体の放熱に困っているエンジニア、自動車業界でエレクトロニクスの製品に携わっている回路設計者、構造設計者、伝熱解析設計者、制御設計者及び、これからメーカーに入社を考えている大学生や高専生です。

本書の構成は、伝熱技術について、実験と解析の両方からアプローチしています。第1、2章では、CASE時代に突入した自動車エレクトロニクスの伝熱技術の概要や課題を述べていきます。第3、4、5、6章では、そのECUにおける伝熱の基礎、発熱側のプリント基板、放熱側のきょう体の設計留意点、温度が上昇する要因になる熱抵抗などについて説明します。第7、8、9章では、温度計測実験の使用方法やその注意点などを解説します。第10、11、12章では、伝熱解析の現状の課題と対策方法、今後のトレンドの過渡（非定常）伝熱解析のモデリングについて詳述します。第13、14、15章では、応用編として、伝熱に関わる最適設計のノウハウや、解析の高精度化に向けたエッセンスを入れておきました。必要な技術テーマの章だけ読んでもらって、他は省略してもらっても構いません。

本書を読むことで、これからの日本の新たな成長領域である自動車業界のCASE技術の伝熱の課題について、何をすべきか、どう考えていけばよいかを理解できると思います。日本の基幹産業である自動車業界の今後の発展は、あなたのその創造力と解決力にかかっています。それでは、この本を読み終えるまで、少々お付き合いください。

篠田　卓也

〈ご注意〉伝熱解析と温度測定実験の結果について、条件が異なることで温度結果が異なりますので、改めてご検証下さい。

目　次

第3章　伝熱の基礎

第4章　プリント基板上の温度低下対策

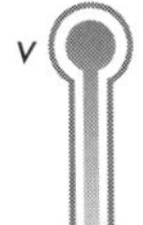

第5章 きょう体部周辺の放熱性能向上

第6章 接触熱抵抗

第7章 温度測定の技術

第10章 電子設計をフロントローディングするためには

第11章 定常伝熱解析のモデリング技術

第12章 過渡伝熱解析のモデリング

第13章 実験と解析の乖離検証と高精度化

第14章 分析による最適設計

第15章 機動力のある伝熱技術のチーム体制

〈電子工学と機械工学の語彙の違い〉

電子工学	機械工学	本書で利用する語彙
熱密度　発熱密度	熱流束	発熱密度
熱対策	発熱対策	発熱対策
ふく射、放射	ふく射伝熱	ふく射伝熱
対流	対流熱伝達	対流熱伝達
熱伝導	熱伝導	熱伝導
放射率、ほう射率、輻射率	放射率	放射率
熱設計	伝熱設計	伝熱設計
過渡熱設計	非定常設計	過渡熱設計
熱実験	伝熱実験	伝熱実験
熱解析	伝熱解析	伝熱解析
理想接触	線接触	理想接触
サーモグラフィ、サーモトレーサ	サーモグラフィ	サーモグラフィ
熱伝導する	熱伝導で移動する	熱伝導で移動する
環境温度	周囲温度	環境温度
受熱	伝熱	伝熱
筐体、きょう体	筐体、きょう体	きょう体
熱引き	熱移動	熱引き
物温	温度場	温度場
定常熱、過渡伝熱	定常熱、定常伝熱	定常伝熱
過渡熱、過渡伝熱	非定常熱、非定常伝熱	過渡伝熱
過渡熱抵抗、過渡伝熱抵抗	非定常熱抵抗、非定常伝熱抵抗	過渡伝熱抵抗
ダイフラグ、ヒートシンク、スプレッダ	ヒートシンク、スプレッダ	スプレッダ
スイッチングロス、スイッチング損失	—	スイッチング損失
フィッティング、キャリブレーション	フィッティング	フィッティング
熱回路網　熱回路　サーマルネットワーク トポロジー　熱回路トポロジー	熱回路網	熱回路網
ホットスポット	局所高温部	ホットスポット
熱抵抗	熱抵抗	熱抵抗

（本書内で完全に統一されてはいませんがご容赦下さい）

〈単位表〉（参考資料）

記号	名称	単位
A	断面積	[m²]
S	基板面積	[m²]
F	軸力	[N]
H_{min}	軟らかい固体側のブリネルあるいはビッカース硬さ	[MPa]
p_m	平均接触圧力（= F/A）	[MPa]
Q	接触面を通過する伝熱量	[W]
q	発熱密度	[W/m²]
Ra	中心線平均粗さ	[m]
T_w	代表温度	[K]、[℃]
R	熱抵抗	[K/W]
C	熱コンダクタンス	[W/K]
K、℃	温度	[K]、[℃]
L	代表長さ	[m]
T	温度	[K]、[°C]

ギリシャ文字

記号	名称	単位
v	代表速度	[m/s]
ρ	流体密度	[kg/m³]
μ	流体の粘性係数	[Pa·s]
g	重力加速度	[m/s²]
ν	動粘性係数	[m²/s]
αc	接触熱コンダクタンス	[W/(m²·K)]
γc	接触熱抵抗	[(m²·K)/W]
δ	粗さの最大高さ	[m]
ΔT	温度差	[K]
λ	熱伝導率	[W/(m·K)]、[W/(m·℃)]
σe	電気伝導率	[1/(Ω·m)]
θ_{jc}	junction（半導体ジャンクション）から case（パッケージ表面）への定常伝熱抵抗	[K/W]
θ_{ja}	junction（半導体ジャンクション）から ambient（周囲環境）への定常伝熱抵抗	[K/W]
Zth(j-c)、Rth(j-c)、rth(j-c)	junction（半導体ジャンクション）から case（パッケージ表面）への過渡伝熱抵抗	[K/W]
Zth(j-a)、Rth(j-a)、rth(j-a)	junction（半導体ジャンクション）から ambient（周囲環境）への過渡伝熱抵抗	[K/W]

（本書内で完全に統一されてはいませんがご容赦下さい）

第1章

自動車業界の伝熱技術、現在の視界と今後の世界

「黒く塗るだけで温度が下がるなんて、冗談いうなよ。」

ある朝の、開発会議の中でのことでした。私が、担当製品であるコンピュータのきょう体をラッカースプレーで黒色にして、温度測定の結果を説明した直後でした。数℃下がった測定結果をみんな疑ってかかりました。それから20年の歳月が経ち、デンソーの多くのECU（Electric Control Unit）は、光を放ったのです。

車両用の電子機器の品質確保の重要な技術の1つとして、各半導体部品、プリント基板の使用温度範囲を守るために「伝熱設計」があります。小型化、高制御化、開発期間短縮などにより、伝熱設計の難易度は高まるばかりです。昨今は、機械制御で駆動していたアクチュエータが、電子制御に置き換わっていく流れの中で、伝熱設計に配慮すべきエレクトロニクス製品の技術分野は広がってくるとともに、新興企業の参戦で競争は激しくなり、伝熱設計のマネージメントが製品シェアを左右するほどになってきました。それは、機械制御で駆動していたアクチュエータが、電子制御に置き換わっていくためです。一方で、新たなクルマの価値向上のため、新たな機能が次々と追加され、今や車に搭載するエレクトロニクス製品は数えきれないほどです。ECU高密度化と開発期間短縮で必須になる実験レス伝熱設計をメインテーマとして、これからの技術への対応や対策について、解説していきます。

1.1　現在の自動車産業のECUについて

自動車用のECUは、それぞれ環境が異なる場所に搭載されるために、個別に温度仕様が設定されています。車載の電子機器は、主に、アクチュエータを駆動するコントローラが多く、**図1-1**のように様々な機能のECUがあります。

例えば、エンジンを動かすアクチュエータとして、ガソリンや軽油をエンジン筒内に噴射するインジェクタ（**図1-2**）があり、その制御をしているのがエ

●環境

ガソリンエンジンマネジメントシステム、
ディーゼルエンジンマネジメントシステム、
ハイブリッド車・電気自動車用製品、
スタータ、オルタネータ、ラジエータ、など

●快適

カーエアコンシステム、
バス用エアコン、空気清浄器、など

●安全

走行支援システム用センシングシステム、
ABS／ESC用アクチュエータ＆コンピュータ、
ヘッドランプコントロールシステム（AFS）、
エアバッグ用センサ＆コンピュータ、
車両周辺監視システム、
コンビネーションメータ、
ワイパーシステム、など

●利便

カーナビゲーションシステム、
ETC車載器、
リモートセキュリティシステム、
リモートタッチコントローラ、
スマートキー、
車両運用システム（AVCS）、など

図1–1　自動車は急速に電子制御ECUで進化

図1–2　インジェクタ

図1–3　エンジンECU

図1–4　ハイブリッドECU

ンジンECU（**図1-3**）、ハイブリッドECU（ハイブリッド車用の制御ECU、**図1-4**）です。

モータは、電動パワーステアリング、エンジンのスロットルバルブ開閉制御に使われます。その他に電子制御と機械制御が備わるワイパー、ドアミラー、ドアロック、ドライバーシート、ステアリング、シフトバイワイヤ（**図1-5**）、VCT（Variable Cam Timing、**図1-6**）、電子スロットル（**図1-7**）等のアクチュエータがあり、それぞれソフトウェアで制御するECUが搭載されます。**図1-8**は、DC-DCコンバータの内部を示しており、特に発熱量が大きい製品の1つです。

図1-5　シフトバイワイヤ

図1-6　VCT

図1-7　電子スロットル

図1-8　DC-DCコンバータ　内部

1.2 自動車技術はCASEの世界へ

CASEは、2016年のパリモーターショーでダイムラーが中長期戦略として発表しました。Connected（コネクテッド）、Autonomous（自動運転）、Shared & Service（カーシェアリングおよび、サービス）、Electric（電動化）の頭文字をとったもので、このCASEに向けた業界の潮流は、100年に一度の大変革であると言われています。これがチャンスなのか危機なのかは別として、大きなトレンドを描くのは間違いなく、自動車業界のほか、様々な業界がゲームチェンジしていくでしょう。この4つの技術は同時並行で指数関数的に技術進化していきます。この技術の中で、航続距離が課題である電気自動車と、利用時間がちょい乗り程度で良しとするカーシェアサービスは、駐車スペースに充電インフラを比較的簡易に設置できるため、相性が良いとされています。

さらに2020年代は、カーボンニュートラルの幕明けであり、国・地域で異なる経済環境やエネルギー政策、そして産業政策を見据えた、最適なクルマ技術を提供していくことが重要になります。カーボンニュートラルの実現には、モノづくり、製品、エネルギー利用の分野で取り組むことになります。低炭素社会へ向けて、石油系燃料の使用量低減、回収などの技術分野は重要なのはもちろん、電子技術の伝熱設計は、特に製品の分野における省エネ技術として、期待される技術の1つになります。

このCASE技術を進化させた先にあるものが、MaaS（Mobility as a Service）です。クルマの価値に加え、様々な交通サービスを必要に応じて利用できる移動サービスに統合することで、モビリティ社会全体でさらに価値が向上していきます。これはサービスを提供する事業者と連携した収益システムを創れるかが重要なキーとなります。きっとOEMと電子制御メーカーのTier1とソフトウェアの事業領域が近くなり、Tier1と電子部品半導体メーカーのTier2とハードウェアの付加価値をさらに上げていくことになるでしょう。

CASEやMaaSにより、自動車に要求される機能が加速的に増加していくことになり、ECU設計の現場においても、まさしく電子工学のさらなる発展とその伝熱設計がポイントになります。1つの半導体の発熱量が数W以下だったのが、数10Wと一桁違う領域へ増加します。そうなれば、今までのメカニカルな放熱方法だけでなく、ますます放熱を促進するための実装技術が必要であり、Tier1と半導体メーカーのTier2の連携は欠かせないと予想されます。これによってOEMと電子制御メーカーのTier1とソフトウェアの事業領域が近くなり、Tier1と半導体メーカーのTier2とハードウェアの付加価値をさらに上げていくことになるでしょう。

1.3　CASEの熱課題

今後CASE技術で多くのセンサやCPU、GPUが実装されたECUが搭載されるようになります。電力の生成から消費に至る過程の中で、電力利用効率向上の手段は、一般的に半導体デバイスでの直流・交流変換や周波数制御等で実施されています。大電力の変換には、パワー半導体が用いられてきましたが、CASEによる機能増加により、これまで適用されていなかった装置・機器分野にも、パワー半導体デバイスの利用が急速に増加することが見込まれます。このためにも、低損失のパワー半導体デバイスや駆動方法が電力利用効率向上に大きく役立つことになります。パワー半導体技術を使った電力損失のさらなる低減技術は、低炭素社会の実現に向けて極めて重要なのです。

現在は、パワー半導体デバイスの材料として主にSi（シリコン）が使用されています。今後の新しいデバイスとして新材料のSiC（シリコンカーバイド）があり、絶縁破壊電解強度がSiと比較して約10倍高く、電力損失が1/100以下といった優れた性能を持っており、実用化に向けて開発が進んでいます。特にインバータ等の電力変換装置を代表に、鉄道や電気自動車など極めて応用範囲が広いことから、社会全体への波及効果が極めて大きいでしょう。そのため、パワー半導体や電力変換機器等の大電力を扱うための技術は、今後の日本産業の国際競争力へ大きく影響していくでしょう。以下で、CASEで発熱対策技術に関わりそうな部分を説明します。

1.3.1　Electric（Electrification）　～電動化～

電動化技術は、モータ、バッテリ、そしてパワーコントロールユニット（PCU）が役者として登場します。2021年現在、日本の自動車業界は世界各国のEV化を追尾していますが、HV、PHV、FCVではむしろ先行しています。バッテリは直流電源のため、モータを駆動するために交流にする必要があり、**図1-9**のようなユニットを搭載します。PCUはインバータともいわれ、高耐圧かつ大電流を流すことができるパワートランジスタを利用して交流へ変換しています。電力や周波数を可変することで、モータの回転速度やトルクを制御します。このトランジスタは高温になることはいうまでもありませんが、バッテリ容量の小型化もしくは、走行距離を延ばすためには、低損失化の技術を進める必要があります。PCUの小型化に大きく貢献するのは、パワーMOSFET、IGBTといった半導体です。デンソーはPCUのスイッチング素子について、高放熱モジュール「パワーカード」を開発し、高出力を維持したPCUの小型化を実現しました。省エネで駆動させるには、半導体の温度上昇を抑制して車両全体の電力損失を少なくすることです。これは重要な課題の1つです。

一方で、モビリティでは脱炭素が提唱されています。自動車業界における脱炭素は、脱内燃機関を基本とし、電動化が重要になってきます。脱炭素として、経済産業省は2030年半ばに新車販売を全て電動車にする目標を設けるようになりました。例えば、通信方式で、3Gから4Gへ携帯からスマートフォンへ急

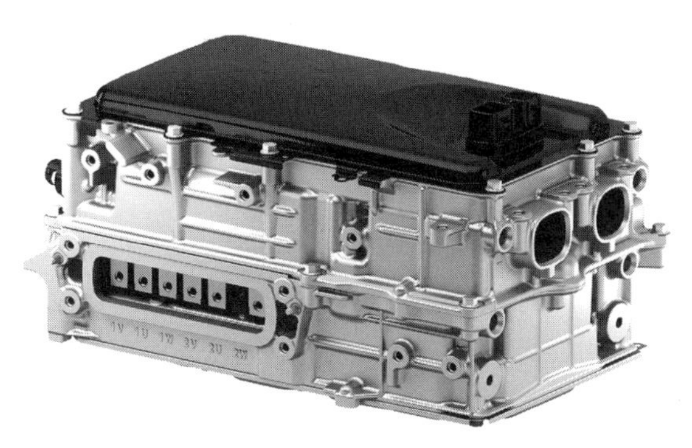

図1-9　パワーコントロールユニット

速に移行したときのように、5G、6Gに移行することで、通信では情報量がテキストから画像、さらに動画と変わっていきます。クルマにおいても、内燃機関のエンジンからモータへの転換していく途上で、前述した通信技術と同様に、低損失、省エネをポイントとして、モータ制御の電子技術が一気に変わっていくでしょう。

Electrificationのキーの1つは、電池です。これには欧米、中国のみならず、新興国も積極的に取り組む傾向が強く、とくに現時点で自動車の内燃機関製造技術が乏しい国にとっては、複雑なトランスミッションやすり合わせ等が不要なモータ駆動はチャンスでもあるのです。電池の熱管理の要点は、急速充電時のバッテリの冷却です。走行時は移動に伴う風を冷却に利用することができますが、充電時のクルマは停車しているので、ファンを利用した強制空冷だけではきつく、水冷も必要になってくると思います。しかし、水冷はラジエータで既存技術であるものの電池回りの安全性を考えるとベストなソリューションではないため、ヒートポンプなど水を使わない方法も視野に入ってきます。ヒートポンプはエアコン技術であり、このような他分野の既存技術のアイデアを、いかにピックアップし車両に統合できるかが、各メーカーのしのぎを削るポイントとなるでしょう。エネルギー効率が良い短時間の急速充電は、競争力に直結していきます。高性能な急速充電の熱管理が今後重要な技術となるでしょう。

1.3.2　Autonomous　～自動運転～

先進運転支援システム（ADAS：Advanced Driver Assistance System）を含む自動運転のAD（Automated Driving）は、安全に運転するために、認知、判断、操作といった自動車操作に必要なプロセスをシステムが行います（**図1-10**）。“認知”は、道路上、空間上に人、他車、障害物などの車両外部の環境を認識する機能です（**図1-11**）。行動の予測もセンサの主役であるステレオカメラ（**図1-12**）、ミリ波レーダー（Radio Detection And Ranging）（**図1-13**）、LiDAR（Light Detection and Ranging）（**図1-14**）などでデータ収集をします。“判断”は、上記センサで物体を認知して、半導体やソフトウェアで、加速、減

図 1−10　自動運転は 3 種の神器で

図 1−11　‘認知’を司る自動運転のセンサ

図 1-12　ステレオカメラ ECU

図 1-13　ミリ波レーダーECU

図 1-14　LiDAR ECU

速、停止の動作の指令を出します。“操作”は、システムが車を動かすために、ハンドル、ブレーキ等を人間に代わって制御します。

車載カメラの機能は、様々な技術に応用されています。例えば、視界の補助として、障害物や先行車の検知、車線変更、駐車支援のバックモニタ、レーンマーカの検知、道路標識の認識、ドライバの運転状態を認識するモニタリングと、いずれも自動運転の機能向上には必須のアイテムになります。眼の代わりになるそれらのカメラの種類は、安価な単眼カメラや複数の異なる方向から情報を入手し、立体的に奥行き情報を得るステレオカメラ、焦点距離の異なる単眼カメラを組み合わせ、高性能なセンシング制度で計測可能とした3眼カメラなどの方式があります。ステレオカメラは衝突防止機能として、すでに多くのクルマに搭載されています。

カメラは周囲の状況を捕捉するために主に車両外側に配置されますが、そのカメラのレンズは、耐熱温度の低い部品が多く、太陽光加熱の影響を管理する必要があります。また走行風の冷たい空気の影響で、結露することがあるため、カメラモジュールの伝熱設計は従来のECUとは異なる技術が要求されています。現状では、カメラ温度をモニタしながら、高温時には制御を緩めていますが、今後さらに熱と制御の最適設計が必要になってくるでしょう。

レーダーは、ミリ波やマイクロ波の電波を照射して、人物や物体に反射した電波をセンシングする技術です。周波数の違いによって、用途が変わり、近距離レーダーは駐車支援、中距離レーダーはドアミラーなどに装着して死角の不安を解消するブラインドスポット検知に、遠距離レーダーはクルーズコントロールや追突警報システムなどに利用されます。天候に左右されにくい、遠距離の高性能検知ができる、などのメリットがあります。ECU自体の総発熱量を削減する必要がありますが、製品小型化による発熱密度のアップや、耐熱保証温度が低いMMIC（Monolithic Microwave Integrated Circuit）が課題として挙げられます。図1–13の例では、ECUのきょう体に黒色の塗膜を付け、ふく射伝熱性能を向上しています。

LiDARは、赤外レーザ光を使用したレーダーです。電波よりも波長が短いため高い分解能になりますが、雨などの気象条件に不得手となります。反射した光の時間を計測、三次元マッピングし、それを元に地図を作成して、それをデータベースとマッチングさせて自車の位置を特定し、人や物体の距離や形状を瞬時に検出します。LiDAR ECUはレーザは送信機と受信機で構成されており、それらの半導体が高温になります。

1.3.3 Sharing & Service　～シュアリングサービス～

現在の自家用車の稼働率は5％程度であり、残りの時間をシェアリングすることで、稼働率が大幅に上がります。この稼働率が上がることによる懸念事項として、シェアリングによる運転、停車の繰り返しサイクルが短くなることで、温度の上昇下降による、ヒートショックの回数の増加があります。これは、線膨張率の異なる材料を組み合わせて使う場合に、温度変化による熱膨張の違いで熱応力や熱ひずみが発生する現象です。ECUに搭載されている半導体、プリント基板や実装した部品のはんだ接合部などにクラック（亀裂）が発生し、故障原因になります。線膨張率の差の少ない材料を使ったり、熱抵抗を小さくしたりして、材料内部の温度変化を抑える技術が、今後さらに重要と考えられます。

1.3.4 Connected　～コネクテッドカー～

コネクテッドとは、通信でクルマが外とつながることです。通信およびモニタなど、HMIを通じて電子機器が増えていくことで自動運転などの技術も進んでいきます。クルマに搭載されているECUは、ISOにて国際的に標準化された通信プロトコル「CAN：Controller Area Network」のように高速化されたネットワークがあり、センサやアクチュエータがつながるところには、別のネットワーク体系があります。車両から取得できる走行や渋滞のデータは、多くのMaaSに寄与するといってよいでしょう。移動社会の再構築は、未来の新たな都市づくりに欠かせないことで、クルマの価値はさらに高まっていきます。

ヒトとクルマをコネクトするには、今までのメータ（**図1-15**）のほかに、音源再生、ナビなどを搭載したヘッドユニットであるコントロールパネル（**図1-16**）が必要になります。点在していたスイッチ類がこのディスプレイに集約され、処理するインフォテイメントの頭脳になるわけです。CPU（中央処理）、GPU（画像処理）、ASIC（特定機能集積回路）、FPGA（Field Programmable Gate Array）の多くは、100～2000オーバーのBGAです。これらはさらに処

図 1-15 メータ ECU

図 1-16 タッチディスプレイ

理負荷が増大し、発熱密度が上昇し高温になります。熱を逃がす構造設計はもちろん、実装の耐久信頼性が重要です。

1.4 欧米の解析技術比較

欧米企業は、日本のような「すり合わせ」技術は得意ではありません。日本はこの「すり合わせ」可能なプロセスを優位に持っていきたいものです。モノを作る前に、解析技術を利用すれば、いかようにもすり合わせしながら技術構築が可能になるでしょう。ただ、伝熱解析のみでの放熱対策の探索だけでは、競争優位を得るのは限界が近いと考えます。回路解析や EMC 解析、熱応力解析といった複数の異なる技術課題を連成させ、最適解を求める必要があります。熱の物理現象について短時間でこの最適解を目指すには、図1-17のように最適化ツールと伝熱解析及び実験データを利用した複数の場の相互作用を組み込んだ連成解析（マルチフィジックス）が常套手段であると考えます。その最適化のキーは高精度化です。実験検証と乖離が少ない解析ノウハウができることが重要です。実験検証と解析検証により、確度の高い解析技術を構築し、最適化技術を導入するとうまみが出てきます。例えば、車種が異なっても、同じECUを搭載するケースが多いのですが、搭載場所や設置している部材の材質等で放熱性能が違ってきます。また、同じECUを搭載する場合でも、制御仕様によるアクチュエータ駆動タイミングが異なるため、発熱量に違いが出てきます。全ての機種で満足いくように設計する必要が出てきますので、放熱に影響する因子を特定した上で、要求仕様の最大、最小の範囲で計算して、全て問題ない設計にしていきます。この連成が可能となれば、OEMに対し、業務遂行力や短期開発力を提示して、双方の開発費低減を提案でき、リアリティのある解析技術でモノづくりを支えることができます。

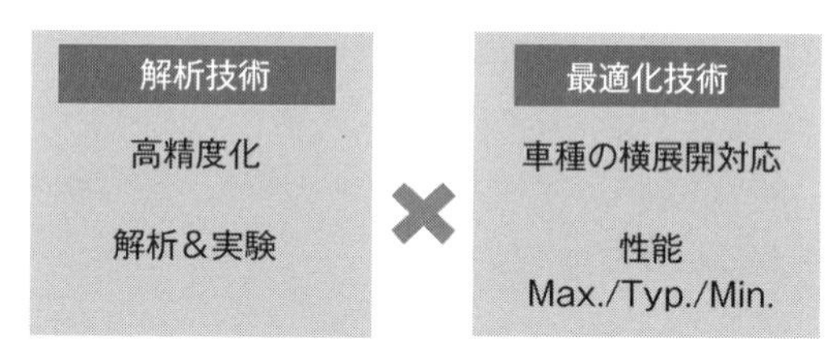

図1-17　解析技術と最適化技術のマルチフィジックス

1.5 どのような発熱対策の基本が今後重要になるか それは過渡伝熱技術

ほとんどの電子部品の温度は、コストダウンや競争力のせめぎあいにより、使用温度の上限近くまで動作できるように設計を余儀なくされます。品質確保のためには、その上限温度を逸脱しないことが必須です。既存の電子機器の伝熱解析は、電子部品の平均発熱量で温度を計算することが一般的です。この手法は、温度が上昇しきった定常状態を扱うことでパソコンの計算負荷を低減できる、という利点があります。

一方、最近の実務では「過渡伝熱解析」を実施することが多くなってきています。定常状態ではなく、半導体にパルス電力を印加した際の発熱や温度の状態を時系列的に解析します。この手法は、**図 1-18** のように定常解析では熱成立しない場合や、ジャンクション温度を正確に算出したい場合、また、回路が短時間に高負荷動作をすることがわかっている場合に用いられます。過渡伝熱解析は、定常解析と異なり、全ての時系列的な物理現象を計算する必要があることから、PC の計算負荷や所用時間が大きいことがネックであり、なかなか導入できませんでした。しかしながら、近年では高性能パソコンの低コスト化が進むにつれて導入促進、そして応用範囲が広がってきました。過渡伝熱解析・過渡伝熱設計が今後のトレンドになっていきます。

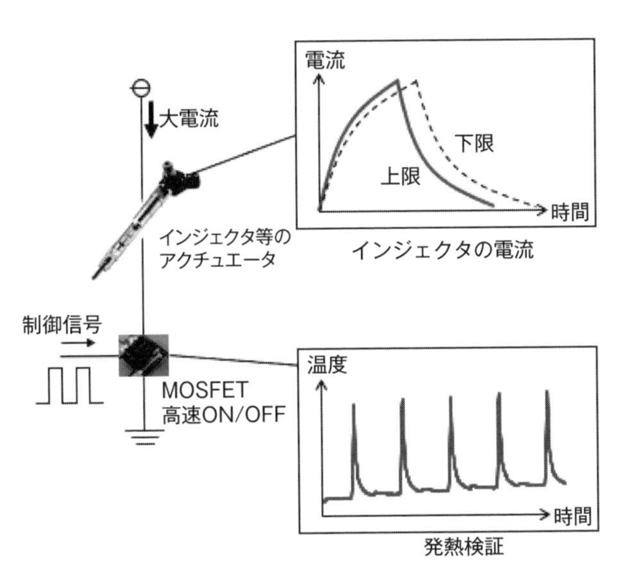

図 1-18　電子制御に伴う半導体の発熱検証例

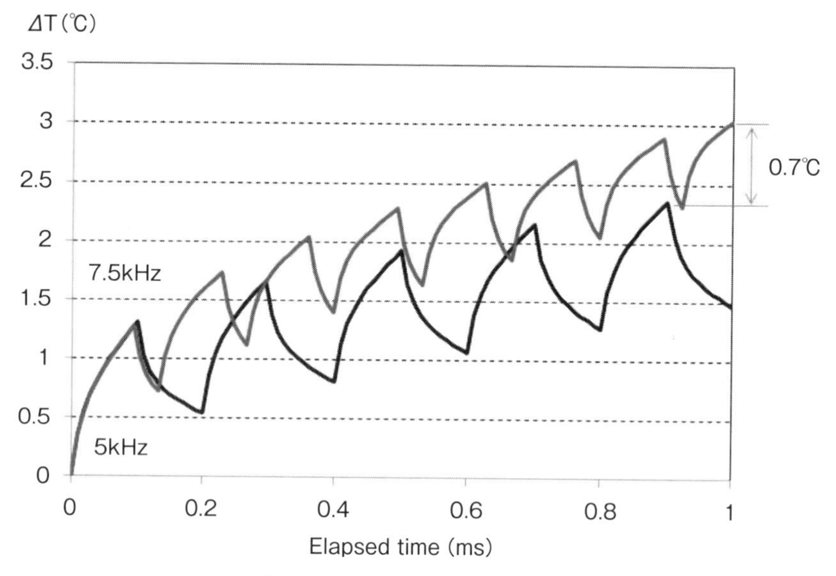

図 1-19　駆動周波数 5 kHz と 7.5 kHz の温度差 @1 ms

1.6　新たに必要になる伝熱解析での検証

次世代の ADAS（先進運転支援システム）や自動運転システムに欠かせない CPU や GPU、アクセラレータ回路には、SoC（System on Chip）を組み込んだモジュールが搭載されます。膨大なデータを高速処理するために、これらの部品は発熱し、高温になります。特に GPU は、実に 50～100 W 程度の消費電力となっていきます。一方で、環境面から考えると、真夏の放置した車室内温度は 80 ℃以上になることがあり、この温度で始動して正常動作しなければなりません。また、外部環境では日射の影響も考えなければならず、このような車内外の環境の中で、ECU 内部からの発熱をコントロールする必要があるのです。

では、どのような発熱対策技術やその関連技術に着目していけばよいでしょうか？　それには、大きく３点あります。

１つは、適切に発熱量を計算もしくは計測すること、ECU の総発熱量を最適化すること、です。センサによる認識性能を向上させるために、駆動周波数は高くなり、消費電力が多くなりますので、性能と熱のトレードオフになるわけです。この最適化が競争力の源泉の１つになっていきます。

２つめは、前述の高周波駆動時の制御タイミングについて、高精度に設計可能にする過渡伝熱測定・過渡伝熱解析です。

最後は、空気流の確保です。今までは、ECU に風を当てることには積極的ではありませんでした。理由の１つは、走行中の風速と ECU の動作周波数の関係の把握が困難であり、仕様にまとめにくいことが挙げられます。しかしながら ECU の放熱設計おいて、外部からの冷却は不可欠となってきており、空気流を利用した温度低減の促進は避けられない開発課題となっています。

これらの技術については、後の章で詳細を説明していきます。

1.7　伝熱解析で顧客満足度向上へ

解析技術は、しっかりと活用すれば開発スピードを急進でき、開発コストも 50～90 %削減することができます。ですが、なかなか設計工程の中にしっかりと導入できないことが多いです。設計工程で利用できてこそ人件費を削減できるのですが、この工程へ導入することを道半ばでやめてしまう組織が多く、‘道具’になるまでたどり着けないのが現状でしょう。解析技術を導入するときは、設計工程の中に、詳細設計できるしくみを念頭に置いていきましょう。熱解析で伝熱設計をフロントローディングしていけば、新たな価値が生まれるようになってきます。

解析技術が発揮できるのは、OEM との仕様要件を検討するフェーズから始まります。技術データを累積してビックデータにしていくことで、新たな顧客や、次世代製品のコンセプトをプレゼン利用できるようになります。**図 1-20** は伝熱解析技術を利用した OEM への提案例です。メーカー仕様で製品のモデルを作成します。本番はここからで、今までの発熱対策や、OEM 仕様に寄り添った別提案を策定していくのです。

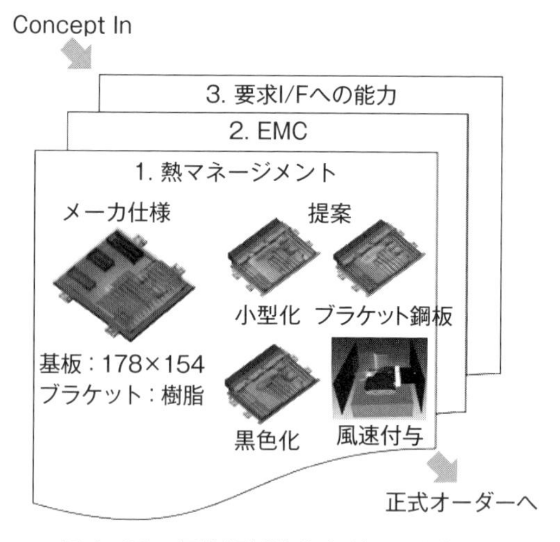

図 1-20　伝熱解析技術を利用した提案

放熱手段について、搭載するOEMもECUメーカーも苦労することになります。そのため、放熱方法によって温度低減量がわかるように、事前に解析を実行しておきます。車両ごとで、このECUの総発熱量は一意ではないので、このような様々な対策方法をOEMへ提供しておきたいものです。両社ですり合わせする上で、一番重要なのが、搭載設置の方法です。この設置場所によって、風の流量や、設置面の熱伝導が変わり、放熱量は大きく変化します。そして、製品のきょう体構造や搭載方向などでも放熱量は変化します。

このように車両ができる前に、搭載場所をあらかじめ仮決めや、すり合わせをしておくことで、両者の伝熱設計がスムーズになっていきます。さらにその先のコスト検討も、スムーズになっていきます。提案アイテムとしては、小型化、黒色化、プリント基板性能による熱拡散向上、熱伝導、対流熱伝達、ふく射伝熱など。それぞれの効果や、コストメリット等を比較してプレゼンしていきます。顧客に喜んでもらえれば、そのときこそ、正式なオーダーが届くことになるでしょう。

第2章

ECU の概要

2.1 ECUの構造と放熱の課題

車両に搭載するECUの大きな懸念点の1つに温度があります。ECUが搭載される周囲の雰囲気温度は、車室内では、80～90℃、エンジンルームでは、100℃以上になります。動作時、非動作時も温度の制限が設けられています。半導体の動作を保証する温度範囲の上限値は、半導体チップ温度を表すジャンクション温度T_jの許容最大値として規定されます。電流が半導体に流れた時、PチャンネルとNチャンネルの接合部に熱抵抗が介在することによって、ホットスポットができます。この温度をジャンクション温度（T_j）といいます。例えばMOSFETだと、車両用で使用されているものの最大T_jは150～175℃であり、電子制御による温度上昇をこの閾値以内に抑える必要があります。また厄介なことに、プリント基板に実装されている素子の保証温度がまちまちであり、それらを「全て」満足する必要があります（**図2-1**）。そこへECUの小型化と制御の高速化が重なり、実装されている半導体の発熱量および発熱密度（単位面積当たりの消費エネルギー量）の増加への対応が伝熱設計上の課題となるわけです。

エンジンECUにおいては、エンジン制御の高性能化によるECUの発熱増加に対応するため各種の放熱技術を採用しております。ガソリンエンジン、ディーゼルエンジンは、直噴シリンダーに噴射する直噴システムや、いくつかの分割噴射により燃焼率を制御する多段噴射化により、性能がぐんと上がりました。**図2-2**は、ディーゼルのコモンレールシステム[1)]の燃焼トレンドです。2000年以前は、インジェクタの1回の気筒の噴射が1段で終わっていました。現在、その制御は複数段噴射しています。どういうことかというと、メインの噴射の前に、少しずつ噴射すると、初期の燃焼が緩慢になって、圧力上昇も緩慢になり、ピストンがなめらかに動きます。これにより、ディーゼルのネックのひとつである、ピストンとシリンダーの衝撃音が緩和されることになります。このほかにも、排ガス規制対応としても年々多段噴射化が進んでおり、それによってアクチュエータ駆動回数が増加し、ECUの発熱は上昇してきました。

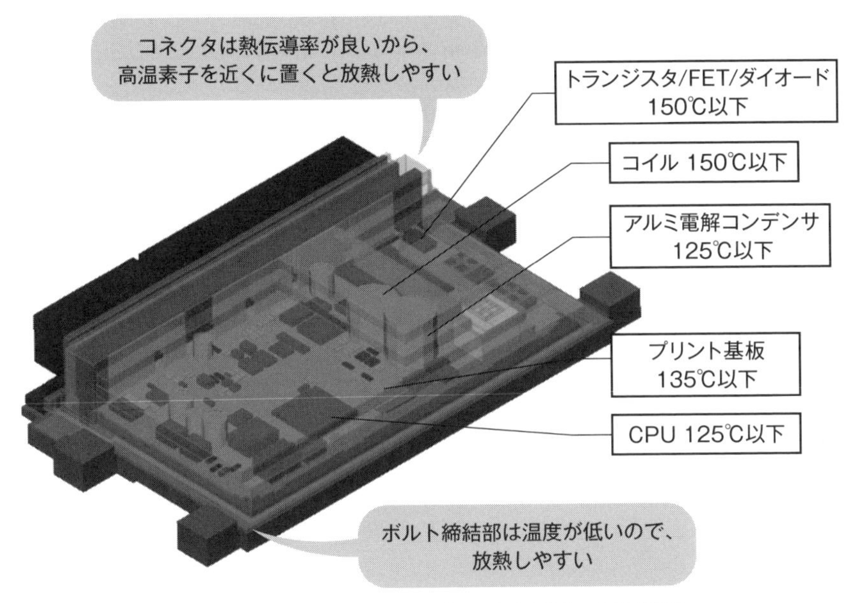

図 2-1　エンジン ECU における各部品の保証温度

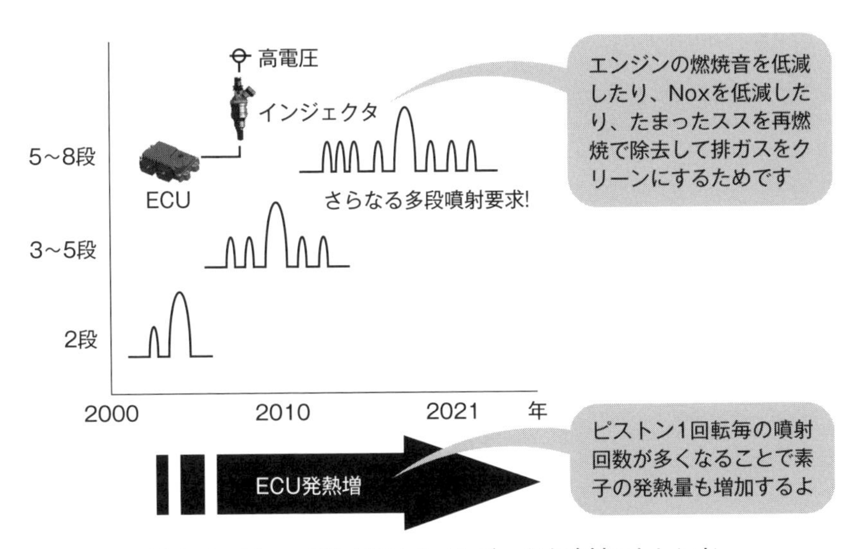

図 2-2　ディーゼル ECU のインジェクタ噴射のトレンド

ECUがどのように放熱しているのか見ていきましょう。ECUの伝熱設計では、熱源となる半導体からの熱を拡散させ、ジャンクション温度が許容範囲から逸脱しないようにするのが基本です。半導体の熱を逃がすためには、**図2-3**のように伝導伝熱：フーリエの法則、ふく射伝熱：ステファン・ボルツマンの法則、対流熱伝達：ニュートンの冷却の法則を利用して伝熱設計します。具体的には、伝導伝熱では部品の熱伝導率を高めたり、ふく射伝熱では塗装で黒色にしたり、対流熱伝達ではフィンを設定した設計をします。ここで重要になるのが放熱経路です。

伝熱機構の基本的な課程は3つの基本形式なのに対して、放熱経路はとても複雑で、不明確な課題が多いことが挙げられます。**図2-4**の伝熱の経路は複数あるうえに、取り付け面温度や放熱材の位置、熱抵抗など伝熱に寄与する設計変数が多く重なっており、並列回路となって、どこの熱抵抗が放熱に対してネックになっているかがわかりにくいです。

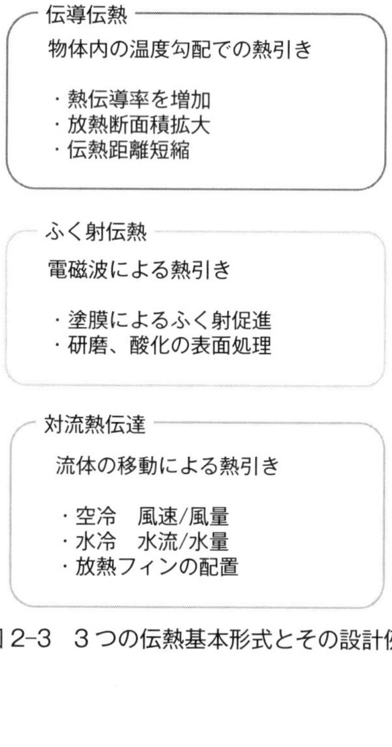

伝導伝熱

物体内の温度勾配での熱引き

・熱伝導率を増加
・放熱断面積拡大
・伝熱距離短縮

ふく射伝熱

電磁波による熱引き

・塗膜によるふく射促進
・研磨、酸化の表面処理

対流熱伝達

流体の移動による熱引き

・空冷　風速/風量
・水冷　水流/水量
・放熱フィンの配置

図2-3　3つの伝熱基本形式とその設計例

例えば、ECUがシャーシなどに搭載されている場合、プリント基板に実装されている発熱素子からの熱は、**図 2–5** のように6〜7 割が伝導伝熱によって放熱されます。ただし、車両側の取り付け面が金属でなく樹脂の場合、伝導伝熱による放熱は1〜2 割程度と大幅に減少してしまいます。そして代わりに対流熱伝達やふく射伝熱によって放熱する比率が上がる、といった具合です。結果として、複雑な放熱経路を推測するより実験検証に頼ることになり、実験コストが大きくかさむこととなるわけです。

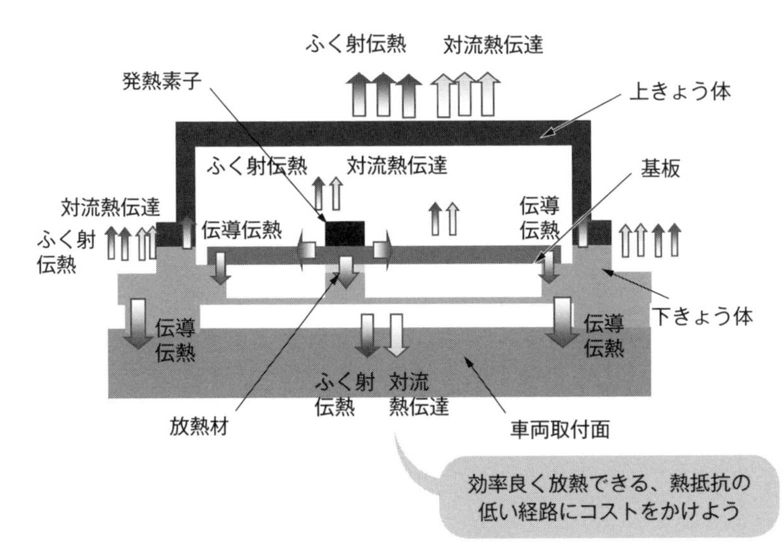

図 2–4　ECU の放熱経路

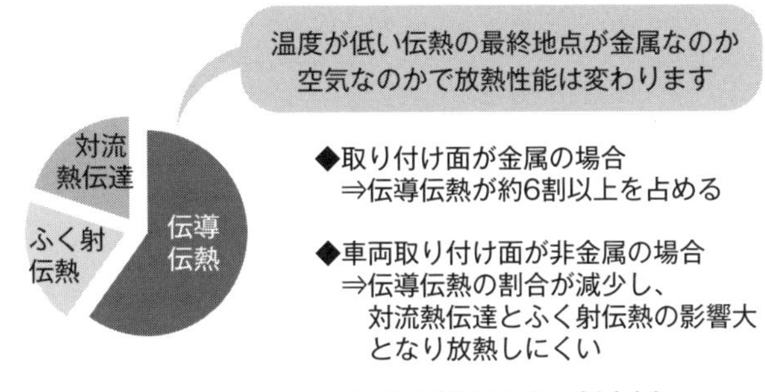

図 2–5　ECU の伝熱の基本形式の割合例

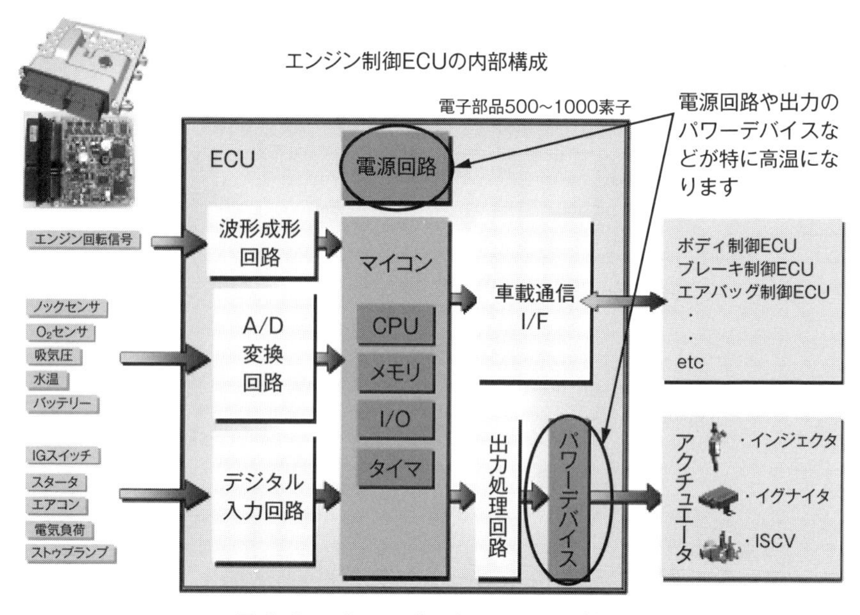

図2-6　ECUのインターフェース構成

ECUの伝熱設計における課題の1つは熱源の特定です。典型的なECUの実装基板には500～1000素子が載ります。**図2-6**は、ECUの入出力回路を示しています。“発熱”といえばパソコンのCPUの連想からECUのマイコンが思い浮かぶかもしれませんが、現在のところ、車載マイコンは1～5Vと低い電圧で動作する半導体であり、発熱量は抑えられています。ただし、今後制御量が多くなっていき、発熱の懸念素子の1つになっていくことが予想されます。ECUのインターフェースを見てみると、入力回路はデジタル入力回路やA/D変換回路への入力信号、エンジン回転の信号を処理する部分であるため、発熱量は小さく問題にはなりません。これに対して電源回路や出力回路は注意が必要です。自動車のバッテリーは12Vであり、マイコンなどの内部回路を作動させるために5V以下の電圧に降下させる必要があります。この電圧変換で電力損失が生じ、電源回路はかなり温度が上がります。出力回路はFETなどのパワーデバイスを使い、インジェクタなどのアクチュエータを動かすために大電流を制御するので、駆動する半導体に大きな電力損失が発生します。このとき、どれだけアクセルを踏んだのかといった制御によりアクチュエータに流れる電流が変化し、半導体の発熱状態が変わるため、制御の変化によって各素子の発熱量が変化します。高速走行時や急な斜面を登っている場合などは、制御仕様が固まらないと、発熱量の予測が困難になってしまいます。

2.2　後手対策を止めて伝熱検証をフロントローディングへ

こうした厄介さもあり、車載機器の伝熱設計は後手に回りやすく、最初の試作設計完了後に放熱対策するのが常でした。実際、プリント基板の配線パターン等の引き回し（アートワーク）を設計する段階では、発熱量を把握しにくいです。その理由は、開発工程では、半導体選定、回路設計、半導体配置、アートワークを経てプリント基板を設計するからです。その干渉制約を考慮してきょう体を設計し、試作品の製作、ソフトウエアのインストールの工程を経て、動作できるECUを完成させるまでに6カ月程度かかります。この段階になって、やっと電子部品に関する発熱量測定やECUの温度測定が実行できるのです。

車両の各部品を駆動させるアクチュエータは、その駆動状態によって印可される電圧や電流の負荷特性が変化し、発熱量が大きく変化します。実験は多くの結果や所見、考察を得る機会となりますが、時間とコストがかかるうえに、外部出力に接続される他社製の入手しにくいアクチュエータが揃っていなければなりません。また、伝熱検証が設計の後半工程となるため、性能を満足しなかった場合の巻き返しに大きな工数を取ることになります。例えば、ある部品のジャンクション温度が保証値を超えてしまうと、プリント基板やきょう体の設計変更が必要となり、製品の再試作で数百万円単位の費用が追加になってしまいます。

後手になる伝熱設計の流れを変えるには、具体的に何を実現すればよいでしょうか。目指すべきは、プリント基板のアートワーク設計をする前にECUに実装している素子のスペックの保証温度以内に抑えることです。つまり、開発・初期設計段階で、高精度な解析の能力で、伝熱設計の確定を重視します。そうすれば、手戻りの削減により工数低減を実現するための、フローを確立できることになります。いわゆる“フロントローディング”です。伝熱設計におけるそれを実現するには、

(1)　過去の技術を蓄積・整備した活用体制の強化

(2)　伝熱解析の高精度化

の2つが重要となります。これらを実現できれば、伝熱設計のフロントローディングだけでなく、結果に対する考察、現象の分析が可能になります。また、客先との仕様調整にも利用可能です。例えば、客先からの要求に対して伝熱解析であれば、もはや1日以内に回答することができ、その結果をベースとしたすり合わせをすることができます。伝熱設計のフロントローディングが大きな武器となるわけです。

2.3　小型化で発熱密度が上昇

ECUは、小型化により発熱密度が年々増加します。加えて、現状でも搭載場所が限りなく少なくなってきているのに、自動運転等のエレクトロニクス化で今後さらに20個くらいECUの増加が考えられます。ですが、設置場所が足りず、搭載できない課題も出てきますので、ゾーンECU、モビリティコンピュータ等、複数のECUを統合することになります。ゾーンECUは、高負荷の情報処理やシステム全体の制御をするセントラルECUを中心にして、車両の前や中央、後のゾーン（区域）で区切り、信号、電源などのワイヤを束ね、制御するゾーンECUを配置します。モビリティコンピュータは、ライドシェア、カーシェアなどの新たなサービスを提供するために必要なコンピュータです。このことにより、局所的に部品が密集して実装されていくことになり、発熱密度が高くなり、部品の温度保証を満足させるのに苦労していくでしょう。

そのほかの発熱密度が高くなる課題として以下のことが考えられます。他社、

他業種でも、同様な事象があるのではないかと推測しています。

①　ECU の設計仕様の要件が未確定（制御もアクチュエータも自社では決められない）

ECU は外部接続のアクチュエータを動かす制御機器です。これらのアクチュエータに何を使用するかは自動車メーカー（OEM）が決定しますが、ECU 設計時の要求仕様としては、「TBD（ToBeDetermined：現在未確定だが、将来決定する）」の場合が少なくないです。OEM は、性能を良くするため、負荷を高周波駆動化していきたい思惑があります。そのため、開発過程でこの駆動条件決定に向けてすり合わせしながら、ギリギリの納期までできるだけ高周波制御できないかと攻めていきます。これにより、ECU 設計の現場としては、アクチュエータ負荷が定まらず回路特性が不明瞭なばかりか、高周波化による発熱量の増加にも悩まされることとなります。この TBD を少なくしていくために、事前に回路解析を利用して OEM とのすりあわせを効率的に推し進めつつ、発熱量を予測していくことが重要となってきます。これは後章で説明します。

②　部品選定による設計開発コストが膨らむ（工数で利益が飛ぶ）

2000 年以前、ECU 設計では熱に困るようなことがあまりありませんでした。理由として、当時は半導体のパッケージ寸法が大きく、熱容量も大きかったので、局所的に温度が上がりにくく、設計マージンが十分にあったことが要因です。しかしながら近年は半導体が小型化したことで、熱容量や表面積の減少により発熱密度が上昇し、発熱量が同一でも温度変化が急激に大きくなることとなりました。

このように、伝熱解析を高精度化するにあたっては、寄与度が大きい半導体の発熱密度を考慮します。発熱量が同一でも発熱密度が高くなると、温度の変化が急激に大きくなります。小型の半導体の新製品が発売されたからと安易に置き換えると、素子の面積が小さくなった分、発熱密度が急激に上昇し保証温度を超過するため、注意が必要です。半導体の小型化は、ECU の小型化のニーズに合致します。そのため、一放熱設計としては必ずしも最善とならないトレードオフの関係になっており、それぞれ厳しい設計マージンの中での最適設計が求められるようになってきました。安易な決定による手戻りにより、利益を

発熱密度大だと素子温度は急激に上昇します
困ったら寸法の大きい素子へ変更するとよいです

発熱量：2W

	TO-263	TO-252	次世代パッケージ
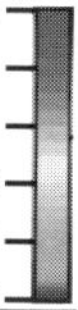 150 130 110 90 70 50			
外形寸法(mm) ※モールド+フィン	10×9.5×4.8	6.5×7.1×2.3	5×5.4×1.45
発熱密度 (W/cm²)	2.1	4.3	7.4
素子温度(℃)	105	130	160

図 2-7　発熱密度の影響による温度上昇

吹き飛ばすような数百時間といった膨大な工数とならないよう、あらかじめ仮説を立て、対策をする必要があります。**図 2-7** のように、新たに部品を選定するときは、あらかじめ発熱密度の増加量を伝熱解析で求めておくとよいでしょう。

③　開発の短期化（ゆっくりやっていたら負けるかも）

厳しい伝熱設計が求められる今、必要以上の設計マージンを設ける余裕はすでになく、適切なマージンで十分な品質を保証できるようにしなければなりません。一方で、設計期間の短縮に向けた要請も大きくなっています。2000 年頃までは日本の新車発売に合わせ 4 年周期で設計していましたが、海外 OEM 向けでは、2、3 年で製品化にこぎつける事例も増えてきています。ただし、前述したように設計から試作品を作製し ECU の温度測定に至るまでには 3 カ月～半年の期間を要します。つまり、従来型の実験による伝熱設計では時間が不足します。時間とコストをかけて設計を進めた挙句、品質問題が発覚し大きな手戻りが発生した場合は社内の雰囲気は慌てふためくことになります。しかしながら、品質問題を回避するためのマージンも、大き過ぎれば製品の競争力を下げてしまいます。そこで、試作完成品を待たずとも設計判断ができて問題発生を未然に防げるよう、解析で仮説検証できる環境を整えます。具体的には、ジャンクション温度を伝熱解析で高精度に判断し、設計後半の品質確認に寄与できるプロセスを構築することになります。

2.4 キーポイントは伝熱解析の高精度化で実験レス

伝熱解析の精度向上というと“眉唾（まゆつば）”と感じる人も少なくないと思います。解析するより、モノを作って実験した方が早いという考えが、導入され始めたときは一般的で、我々も例外ではありませんでした。そこで我々は思い切って“実験レス”による圧倒的な優位性を目指すことで高精度の伝熱解析を根付かせようとしました。実現に向けた着眼点は3つあります。

1つめは、根拠のあるデータです。実験に代わる伝熱解析での検証に向けて、入力する物性値を実際もしくは見当のつくデータとすることです。実験値と解析値の乖離を10％以内に抑えたいとすれば、まずは半導体の発熱量や各部品の物性値といった入力値の誤差を10％以内に抑えなければなりません。部品同士の接続部に発生する接触熱抵抗値も無論です。精度に寄与するこれらの数値をしっかり検証し、乖離の要因を徹底的に理解する必要があります。

2つめは人材育成です。これまでの経緯から伝熱技術は機械系エンジニアの分野と思われがちですが、今や当然ながら半導体の技術を担う電子系エンジニアの技量が不可欠です。しかし、電子工学教育の中で伝熱技術は必須科目ではないため、基礎を知るエンジニアは限られます。各エンジニアがエレクトロニクスの伝熱技術を修得するとともに、機械・電子・解析系の各能力を生かし、実験と伝熱解析の乖離を検証できる体制を作ることが重要です。

3つめは、前述しましたとおり、設計プロセスです。実験による伝熱検証のトライアル＆エラーを極限までなくすためには、設計当初から仮説を立てる工程が必要です。製品設計で伝熱解析を活用するには、回路接続やEMC対策をする配線パターンのアートワーク設計までの期間で、時間的に成立解を出せるプロセスを考えなければなりません。一度配線パターンを引くと、放熱設計の変更のためだけに半導体を移動することは困難になります。例えば、アートワーク設計が完了するまでに暫定の解析モデルを作り上げておき、解析するプロセスを組むとよいでしょう。既に量産された類似のECUのデータを利用して作成しておきます。

具体的には、アートワークデータが完成したら、その日のうちに最新の部品の配置座標で伝熱解析を実行します。伝熱解析が夜中の8時間で完了するように管理すれば、翌日には製品担当の設計者と再度打ち合わせができます。部品の位置はアートワーク設計中に毎日のように変更されるので、このようなチェック体制はとても便利で機動的です。ことのほか、ECU設計では半導体選定がコストや性能のカギを握ります。半導体の温度がNGとなれば、半導体を再選択するか、半導体同士が熱干渉しないように半導体の座標移動を検討してアートワークに反映する必要があります。

早期に判断することが何よりも大事なことです。ECUを使った実験は、設計が思うようにできたか否かを確認するのみとして、トライアル＆エラーの実験はなくしていくこと、つまり実験レスの成立を目指しましょう。

[参考資料]

1）https://www.denso.com/jp/ja/business/products-and-services/mobility/powertrain/diesel/

第3章

伝熱の基礎

この章は、熱の移動である伝熱の基礎について、説明していきます。伝熱工学の分野は多岐にわたりますので、電子機器の伝熱技術を検討する上で、押さえておきたい部分をフォーカスして説明していきます。

3.1 温度と熱、そして伝熱の違い

3.1.1 温度とは

温度とは、何でしょうか。なじみがあるのは、モノの温かさ、冷たさを示す尺度ですね。計器としての誕生は古くは、1607年にガリレオ・ガリレイが温度計を発明しました。そして、1724年にダニエル・ガブリエル・ファーレンハイトが華氏温度目盛りを作りました。それからアンデウス・セルシウスが、現在の温度の単位として℃と表記するセルシウス温度を1742年に考案、そして1744年に1気圧下での水の沸点を100度、凝固点つまり氷点下を0度とし、100等分したセ氏温度目盛りができました。欧米では、華氏温度目盛りが用いられます。温度とは、もともとは温冷に対する人間の感じる温度の度合いを示していました。物体の温かさや冷たさの度合いを表し、2つの物体で温度が高い方のAと、低い方のBへ熱が移動する傾向の強さを示す尺度になります。国際単位系（SI単位）では、7つの基本単位の1つで温度Kを用います。セルシウス温度tは、熱力学T［K］から

$$t[℃] = T[\mathrm{K}] - 273.15 \quad \cdots\cdots(1)$$

として導出されます。[1]

3.1.2 熱とは

熱は、温度の高い方のAから低い方のBへ移動するエネルギーの形態をいい

ます。熱は伝熱によって移動するエネルギーであり、温度差によるエネルギーの移動です。熱力学では、熱が移動しだして、平衡状態になるまでの系を議論します。電子機器の伝熱は、伝熱工学をメインにして、熱がどのように移動するか、速さはどうかを考えていきます。熱の単位は［J］（ジュール）です。単位時間あたりに移動した熱エネルギーの単位が一般的に馴染み深い［W］（ワット）です。

3.1.3　伝熱とは

温度の差があることによって、エネルギーが移動する現象を伝熱といいます。伝熱は、熱輸送の様式として、伝導伝熱・対流熱伝達・ふく射伝熱に分類され、本書は設計に必要な基礎的な理論について解説します。

物体の中に温度こう配が存在すると、高温部から低温部へ移動し、これを伝導伝熱といいます。微視的にいいますと、物質を構成する微粒子よりはるかに小さい電子・原子・分子・結晶格子などの持つ運動エネルギーの温度差が、物質中を拡散していく現象になります.

物質が流体（液体および気体）の場合には、熱伝導によって固体表面から流体に移動した熱が、流体の巨視的な運動（流れ）によって、熱伝導よりはるかに多量の熱を移動させることができます。このような伝熱の形式を対流熱伝達といいます。

電子や原子などのエネルギーの物質内での伝播を解説しましたが、空間を介しても伝播します。電子や原子は電荷を持ちますので、エネルギー振動により電磁波を発生させます。このような物質の内部エネルギーによる電磁波のふく射伝熱を熱放射といいます。温度の高い方のＡの表面から射出された熱放射が、低い方のＢに吸収されて内部エネルギーに変わり、見かけ上、上記の２つの伝熱と同じようにエネルギーが移動します。実際には低い方のＢも熱放射を射出しますから、吸収エネルギーと射出エネルギーの差が正味の伝熱量となります。この電磁波の伝ぱによってエネルギーが輸送される形式をふく射伝熱といいます。[1)]

3.1.4　熱のアナロジー

熱の流れは目に見えないため、わかりにくい現象の1つです。その場合、他の馴染み深い物理現象に置き換えると、理解がしやすくなります。伝熱は、**図3-1**に示しているように、水や電気の流れと相似の関係となります。このような比喩をアナロジーといいます。電気のオームの法則に対して熱を考えると電流 I ↔熱流 Q、電圧 V ↔温度 T、電気抵抗 R ↔熱抵抗 R_{th} と類似性があります。熱抵抗 R_{th} は、熱の通りにくさとなります。電気は抵抗を、水は管路抵抗を、熱は熱抵抗分を小さくすることで、流量が大きくなるため、重要です。

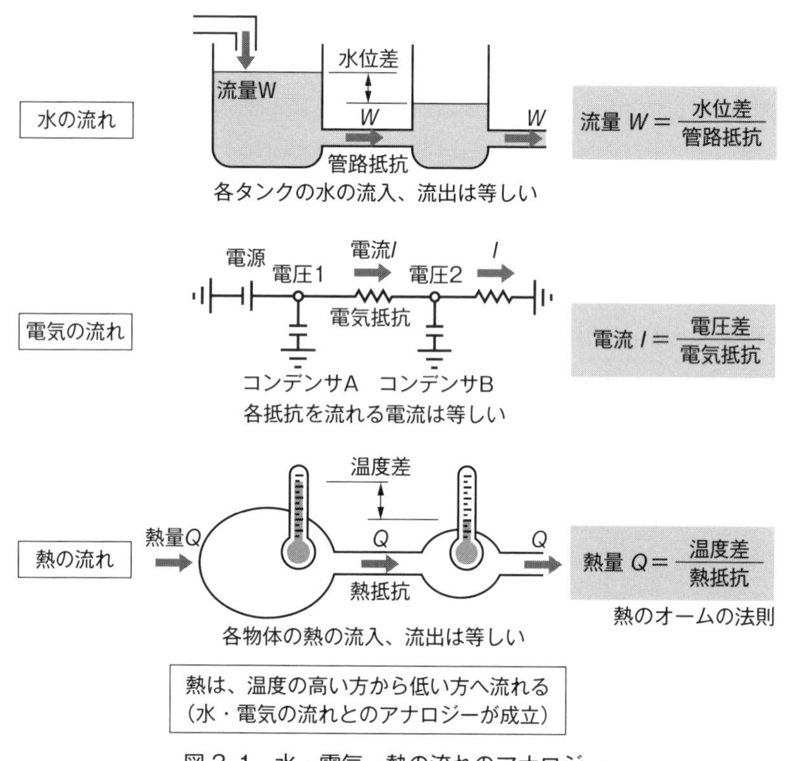

図3-1　水・電気・熱の流れのアナロジー

3.2 伝導伝熱

3.2.1 熱伝導

物体内の熱の移動現象を熱伝導といい、フーリエの法則で記述できます。ある2点間で、温度勾配があるときに、物体内を移動する熱量はその点における温度勾配（温度差）と断面積に比例する法則です。この法則は1807年にジャン・バティスト・ジョセフ・フーリエが熱伝導に関する最初の論文を提出し、数理物理学の名作となる“熱の解析的理論”を1822年に初版を出しました。一方で、電磁気学の基本法則の1つであるオームの法則は、フーリエの法則に似ています。1826年にドイツの物理学者ゲルオク・シモン・オームが電気工学の中で有名なオームの法則を発見しました。電磁気学の電流を熱の流れと同じように考えて、オームの法則が完成したのです。ですから、エレクトロニクスの技術者は、オームの法則をイメージすると熱工学が頭に入ってきやすくなります。オームの法則では、電流を多く流したい場合、電気抵抗を低くします。熱流を促進するためには、熱抵抗を低くすればよいことになります。熱伝導をオームの法則の電流I=電圧V／抵抗Rのイメージで表現すると、式(2)のようになります。

$$\text{伝熱量}Q[\mathrm{W}]=\frac{\text{温度差}(T_1-T_2)[\mathrm{K}]}{(\text{熱抵抗}R[\mathrm{K/W}])}$$

$$=\text{温度差}\times\text{熱の伝わりやすさ} \qquad \cdots\cdots(2)$$

丸棒の中に温度こう配が存在すると、 **図3-2**のように高温側（温度T_1）から低温側（温度T_2）へ熱が移動します。熱伝導のフーリエの法則を用いると、以下の式(3)のように表せます。高温側と低温側の温度差ΔT（$=T_1-T_2$）が大きいほど、伝熱量が増大することがわかります。Q：伝熱量［W］、R：熱抵抗［K/W］、C：熱コンダクタンス［W/K］（熱抵抗の逆数）とします。

$$Q=\lambda A\frac{T_1-T_2}{L}=\frac{T_1-T_2}{R}=(T_1-T_2)\cdot C \qquad \cdots\cdots(3)$$

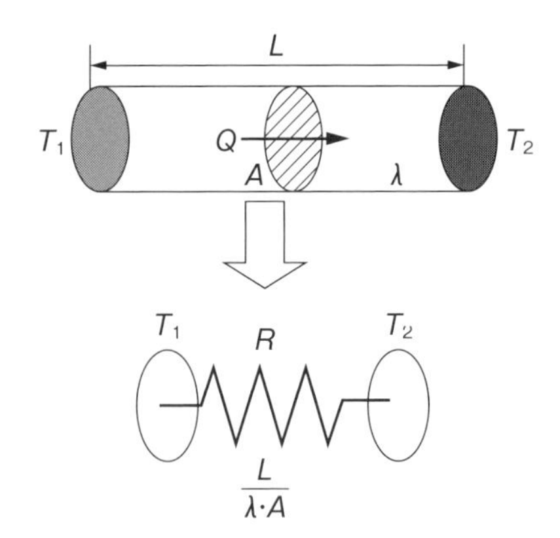

Q：伝熱量［W］　A：断面積［m^2］　L：長さ［m］　λ：熱伝導率［W/(m·K)］
R：熱抵抗［K/W］　T_1：高温側の物質の温度［K］　T_2：低温側の温度［K］

図3-2　丸棒内の熱伝導

熱抵抗は次式(4)で定義されます。

$$R = \frac{L}{\lambda \cdot A} \qquad \cdots\cdots(4)$$

また、熱抵抗の逆数である熱コンダクタンスCは、式(5)で与えられます。

$$C = \frac{1}{R} = \frac{\lambda \cdot A}{L} \qquad \cdots\cdots(5)$$

なお、式(3)から、温度差ΔTは、式(6)で表すことができます。

$$\Delta T = T_1 - T_2 = \mathrm{Q} \cdot \mathrm{R} \qquad \cdots\cdots(6)$$

一般的に、車載ECU機器の伝熱設計においては、機器の単位発熱量当たりの温度上昇を抑えるのが肝要です。式(6)に当てはめると、一定の発熱量Qのもとで、温度差ΔTを低減するためには、熱抵抗Rを下げることとなります。

3.2.2　熱伝導率

熱伝導率λは、物質の種類や圧力などの状態で決まる固有の物性値です。**表3-1**に代表的な物質の熱伝導率を示します。表からわかる通り、熱伝導率にはおおむね5桁も違いがあることがわかります。気体、液体、固体の順に大きく

表 3-1　代表的な物質の熱伝導率一覧

物質（300K、101.3kPa）		熱伝導率（W/(m・K)）
気体	水素	0.181
	空気	0.026
	二酸化炭素	0.017
液体	水	0.61
	潤滑油	0.086
固体（純金属）	金	315
	銀	427
	銅	398
	アルミニウム	237
	鉄	80.3
固体（合金）	はんだ	46.5
	ステンレス 304	43
固体（非金属）	アクリル樹脂	0.21

（出典：「伝熱工学」日本機械学会）

なり、測定した値を用いることが一般的であります。

固体の熱伝導は2つのエネルギー伝達形態です。1つは、固体の原子間の格子振動によるもので、もう1つは導電性固体内に存在する自由電子の移動によるものです。純金属の熱伝導は、主に自由電子です。電気伝導率 σ_e [1/(Ω·m)] と熱伝導率 k [W/(m·K)] との間に温度 T でのウィーデマン－フランツ－ロレンツ L の式(7)が成り立ちます。[1)]

$$L = \frac{k}{\sigma_e \cdot T} = 2.45 \times 10^{-8} (\mathrm{W\Omega/K^{-2}}) \qquad \cdots\cdots(7)$$

3.3 対流熱伝達（熱伝達）

3.3.1 自然対流と共生対流

対流熱伝達とは、**図 3-3** のように、壁表面及び流体内での熱伝導と流体の物理的な移動である対流熱伝達が複合した現象をいいます。具体的には高温物体により加熱された水や空気が、浮力や外部からの風などにより低温壁側に移動し熱を輸送する現象です。前述した熱伝導よりはるかに多くの熱を運ぶことができます。

図 3-4 のように対流熱伝達は大きく分けて自然対流（あるいは自由対流）と強制対流の2種類になります。自然対流では、発熱体から周囲の流体、例えば熱が空気に伝わって流れができます。温度差による密度差に起因する浮力流れ（自然対流）が発生します。熱伝達率は、局所熱伝達率や平均熱伝達率に関する予測式を利用するほか、3D-CFD 等を用いてシミュレーションにより導出す

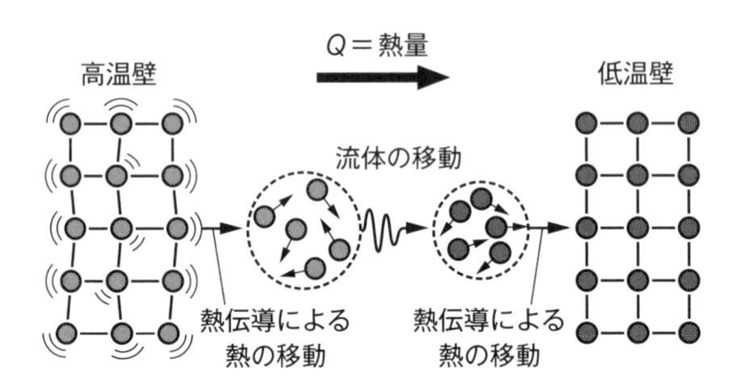

図 3-3　対流熱伝達の原理図（出典：「伝熱工学」日本機械学会）

熱の移動の形態	熱伝達率 h　10　10^2　10^3　10^4 [W/(m²·K)]
自然対流	層流　乱流　空気　3～20　層流　乱流　水　200～500
強制対流	層流　乱流　空気(0.5～20m/s)　10～200　層流　乱流　水(0.1～5m/s)　50～5000

図 3-4　熱伝達率の大きさ（出典：「伝熱工学」日本機械学会）

るとよいでしょう。線香から煙が立ち上る様子や、対流熱伝達式ヒータが身近な例です。また、お風呂の熱の熱源が下方にある場合、熱くなったお湯は浮力によって上がってきます。

一方、強制対流は、流体を強制的に流動させる場合をいいます。具体的には、うちわやファンなど、外力による圧力差により発生した流れです。**図 3-5** は車載の ECU に外部からの風が当たっているイメージです。

一般的に、自然対流よりも強制対流の方が熱伝達率は高く、液体の方が気体よりも高い値となります。このように物体表面と流体との間の熱の移動では対流熱伝達がメインになります。

3.3.2　浮力について

図 3-6 に示すように、高温物体の近くの空気が温められ膨張することにより、

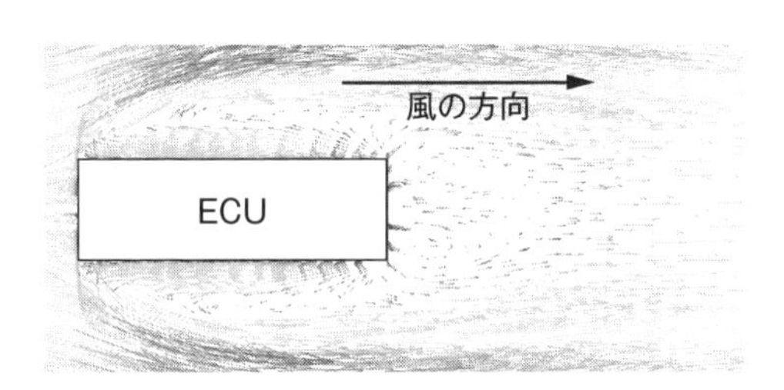

図 3-5　ECU 表面にぶつかる風のイメージ

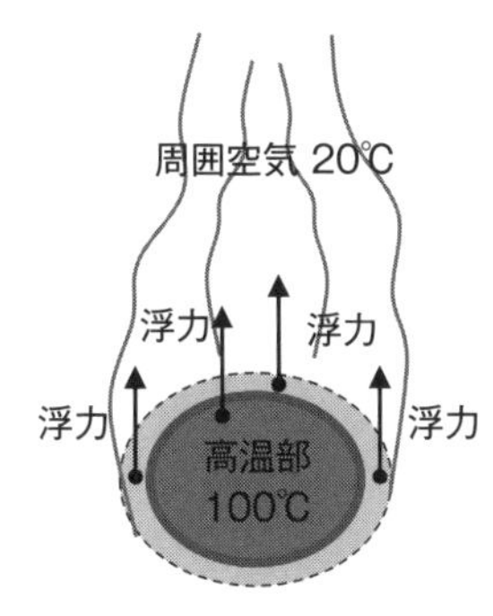

図 3-6　浮力の生じ方

高温部近くの空気密度は、環境温度の密度より小さくなるため、上昇気流が発生します。サウナに入ったことのある方は気づいていると思いますが、熱いのが好きな玄人は必ず上段に座っていますね。これは、床に設置されている高温のヒータを熱源として浮力が起こり、上昇して天井付近へ移動し続けるために、天井付近が熱くなるからです。そのため、段々になった座席の上に座るほど熱く感じるのです。

3.3.3　層流と乱流

図3–7は、ECU周辺に空気が左側から右側へ流れている写真になります。このように流体が物体を取り囲む場合を外部流れといいます。

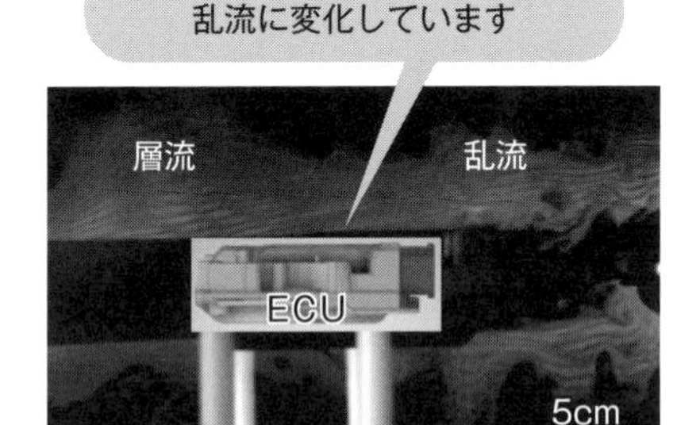

図3–7　ECU周りに発達する速度境界層の例

流体には、層流と乱流の状態があります。層流とは、流体が層状で規則正しい流れ方をしている場合で、乱流とは、流体が不規則に流れている場合をいいます。1883年に、オズボーン・レイノルズが層流と乱流を区別する実験をしました。その後、慣性力と粘性力の比をとった無次元数がレイノルズ数として定義されました。式(8)のようにレイノルズ数が小さければ粘性力が大きく、その数が大きければ慣性力が大きい流れとなります。流れの状態が、層流から乱流に変化することを遷移といい、レイノルズ数の目安は流れに平行な平板の強制対流時の場合、平板の長さLを代表寸法とした場合のレイノルズ数が、5×

10^5 より大きいと乱流、小さいと層流となります。自然対流時の鉛直平板の場合、式(9)のようにレイリー数[1)]が、1×10^9 より大きいと乱流、小さいと層流になります。レイリー数とは温度差（あるいは濃度差）に起因する浮力の強さを特長づける無次元数です。

$$Re=\frac{\text{慣性力}}{\text{粘性力}}=\frac{\rho vL}{\mu} \quad \cdots\cdots(8)$$

Re：レイノルズ数、L：代表長さ［m］、v：代表速度［m／s］、ρ：流体密度［kg／m³］、μ：流体の粘性係数［Pa･s］

$$Ra_x=Gr_x Pr=\frac{g\beta(T_w-T_e)x^3}{v\alpha} \quad \cdots\cdots(9)$$

ここで、Gr_x と Pr は式(10)、(11）に示します。

$$Gr_x=\frac{g\beta(T_w-T_e)x^3}{\nu^2} \quad \cdots\cdots(10)$$

$$Pr=\frac{\nu}{\alpha} \quad \cdots\cdots(11)$$

Ra_x：局所レイリー数、Gr_x：局所グラフホフ数、g：重力加速度［m/s²］、
β：体膨張係数［1/K］、T_w：代表温度［K］、ν：動粘性係数［m²/s］、
α：温度拡散率［m²/s］

3.3.4　境界層と熱伝達の関係

流体中に置かれた付近には、速度が急激に変化する層が形成されます。この粘性による影響を受ける層を速度境界層といい、境界層の外側の領域を主流といいます。一般には、境界層の厚さは、壁面から速度が主流の速度の 99 %となる位置の厚さで定義され、物体表面では、流体速度は 0 になります。境界層は速度に関係するため速度境界層といい、粘性境界層ともいいます。 流れが速いほど境界層は薄くなり、物体は主流の温度に近づきます。夏の風物詩の扇風機は風を強くするほど、ほてった体が体温より低い室内温度に近づくので涼しく感じるわけです。逆に、44 ℃で耐えながら入る熱いお風呂は、じわーっと入

れば何とかなりますが、かき混ぜてしまうと熱さに耐えかねて、飛び出たくなります。主流の 44 ℃の湯が、薄くなった境界層を経て 36 ℃の体温にぶつかり、熱く感じるのです。

3.3.5　エンジンルームの内部温度と走行風

多くの ECU は車室内とエンジンルーム内に搭載されます。エンジンルームは 90 ℃～105 ℃程度までの高温になります。**図 3-8** のように前面のグリルから走行風が入ってきますが、ルーム内部の部品類の設置は、車種によって異なります。走行風の温度を高く見積もって 40 ℃程度としても、50 ℃以上の温度差があり、エンジンルーム内を十分に冷却でき、温度低減に効果的です。しかしながら、製品仕様とし要求される搭載環境は、ワーストケースで規定され風を考慮されないケースが多いため、車種や車両速度ごとに風速を規定して、許容範囲を設定すればスペックの緩和が可能です。内部温度と走行風の管理をしていくことで、ECU の伝熱対策の一手になっていきます。

図 3-8　エンジンルームの外観

3.3.6 対流熱伝達による温度測定について

図3-9は、風洞装置といい、気流を起こし、実際の流れ場を観測あるいは測定する装置です。安定した気流を発生させるためには、全長が10数メートルの大型装置になります。この装置では、送風機が上流端に設置されていて、空気が装置内に押し込まれます。整流部はメッシュおよびハニカム構造になっていて、流れを整え、乱れを取り除きます。縮流部では一気に流れが加速されます。流速センサなどは気流の流れを邪魔しないように設置されています。

対流熱伝達の基礎式は、リンゴの落下で万有引力を発見したことで有名な、アイザック・ニュートンが冷却法則として式(12)で表しました。

$$Q = Ah(T_1 - T_2) \qquad \cdots\cdots(12)$$

h：熱伝達率［W/(m^2·K)］　A：流体と接する放熱面の面積［m^2］

T_1：流体と接する放熱面の温度［K］　T_2：流体の温度［K］

hは熱伝達率といい、対流熱伝達による熱の伝わりやすさを表します。熱伝達率は物性値ではありません。そして、流体の性質・流れの状態・固体壁面の状態、温度など様々な要素によりその値が大きく変わります。

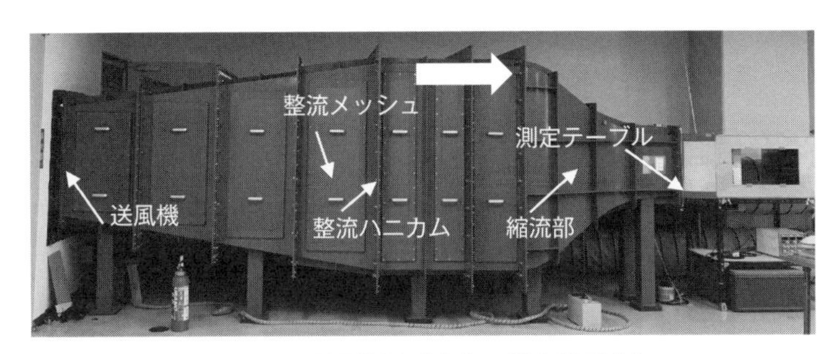

図3-9　風洞装置（東京工業大学所有）

3.4 ふく射伝熱

3.4.1 電磁波放出によるふく射伝熱

ふく射伝熱は、**図3-10**に示すように格子振動による電磁波の放出であり、熱伝導や対流熱伝達とは異なるメカニズムです。分子は電荷を持ち、熱振動により物体表面から、可視光や赤外線などの電磁波が放出されます。この電磁波の伝搬によりエルギーが移動する現象をふく射伝熱といいます。あらゆる分子は絶対温度に応じて電磁波を放出しています。このふく射伝熱エネルギーは、高温物体のほうが高く、温度の低い物体へ移動します。またふく射伝熱は、熱伝導や対流熱伝達と異なり、媒体を必要としない熱の伝搬現象です。例えば、太陽表面は、約6000 Kといわれていますが、宇宙空間のような空気の存在しない環境では、ふく射伝熱のみで放熱することとなり、電磁波で地球を暖めてくれるのです。

遠赤外線は3～1000 μmの波長を持つ赤外線の電磁波です。非導電体（絶縁体）に良く吸収される効果があり、近赤外線、中赤外線より物体に良く吸収されるため、暖める働きがあります。**図3-11**は遠赤外線ヒータで暖かさを感じるメカニズムの例ですが、赤外線により、まず衣服の温度が上がります。すると体からの放熱が減ることになります。一方で、人間の皮膚表面でも遠赤外線が吸収され、皮膚層の分子の熱振動が活発になって、暖かく感じます。ですか

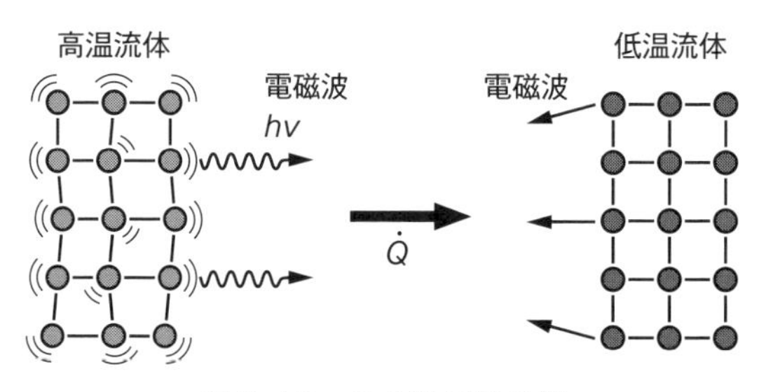

図3-10　ふく射伝熱の例

ら、たき火など遠赤外線にあたっているとき、手のひらなどの皮膚のほうが早く熱く感じることになります。最近、**図 3-12** のように、ダウンジャケットの裏地に、キラキラ光りを反射する素材を採用しているのを見かけます。自分から発する電磁波を反射してジャケットと体の間を保温するようになるのですね。

図 3-11　遠赤外線ヒータ（デンソー製）

図 3-12　ダウンジャケットの裏地

3.4.2 電磁波の分類

あらゆる物体は単原子や多原子分子で構成されていますが、温度によって格子振動の激しさが変わってきます。**図3–13**は波長ごとの電磁波を示す図で、電磁波が波長λ［μm］と振動数v［Hz］、そして波数［cm^{-1}］に対して書かれています。ふく射伝熱とは電磁波の総称であり、その中でも熱や光として検出される波長領域を特に熱ふく射といい、可視光から赤外線までとなります。

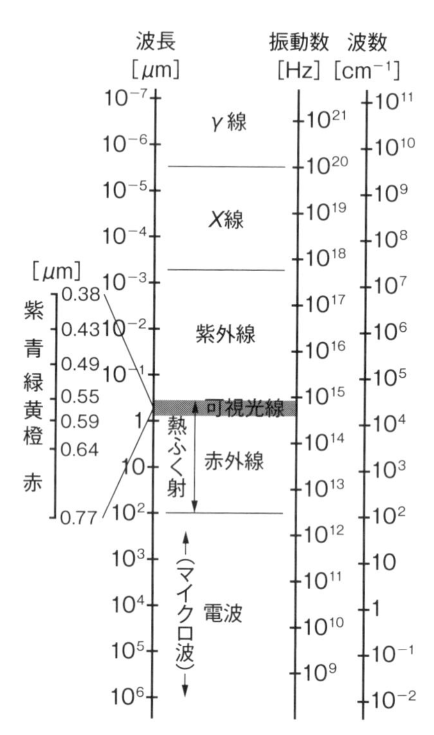

図3–13　波長、振動数、波数による電磁波の分類
（出典：「伝熱工学」日本機械学会）

3.4.3 反射・吸収・透過

図3–14のように電磁波が物体に入射すると、一部が反射し、一部は透過し、

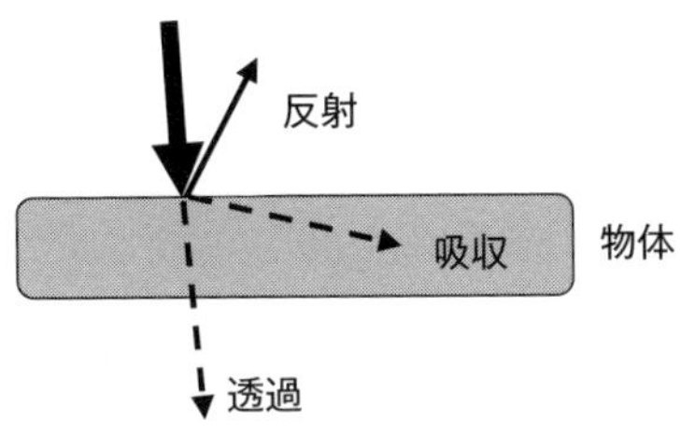

図 3-14　電磁波の吸収・反射・透過

残りが吸収されます。入射するふく射伝熱エネルギーを 1 とした場合の反射、吸収、透過の割合は式(13)で表されます。

$$\rho+\alpha+\tau=1 \qquad \cdots\cdots(13)$$

ρ：反射率　α：吸収率　τ：透過率

透過、反射をせず、入射するふく射伝熱エネルギーのすべてを吸収する理想的物体（$\rho=0$、$\alpha=1$、$\tau=0$）を黒体といいます。物体の表面が鏡面や金属素地やアルミ箔のようなピカピカしている表面だと、反射率が大きくなり、ふく射伝熱遮へいになります。アルミダイキャストを例にとると、金属そのままの素地表面と比較して、塗装してある表面だと吸収率が高くなり、電磁波を吸収し、温度は高くなります。

3.4.4　ECU 向けふく射伝熱の基礎式

図 3-15 に示すように、2 つの物体間（ECU 表面 S と境界面）のふく射伝熱による正味の交換熱量 W は一定の場合、式(14)のように表せます。

$$W=S\times\sigma\times\varepsilon\times(T_{ecu}{}^4-T_a{}^4) \qquad \cdots\cdots(14)$$

ここで、S は素子の表面積、σ はステファン・ボルツマン定数、ε は ECU 表面の放射率、T_{ecu} は ECU の表面温度、T_a は境界面温度です。

さらに、**図 3-16** に示すように、ECU 表面に黒体塗料を塗布し、ECU の放射率を 1 に近づけると、式(14)からわかるように、ECU 表面温度が低下し、その結果、素子温度を下げることができます。

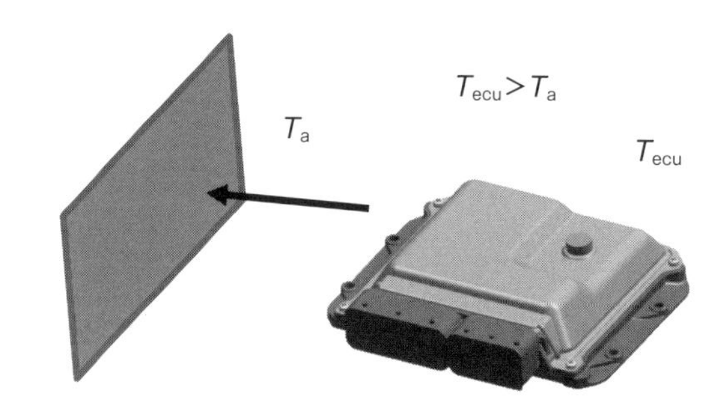

図3-15　2つの物体間のふく射伝熱による正味の交換熱量

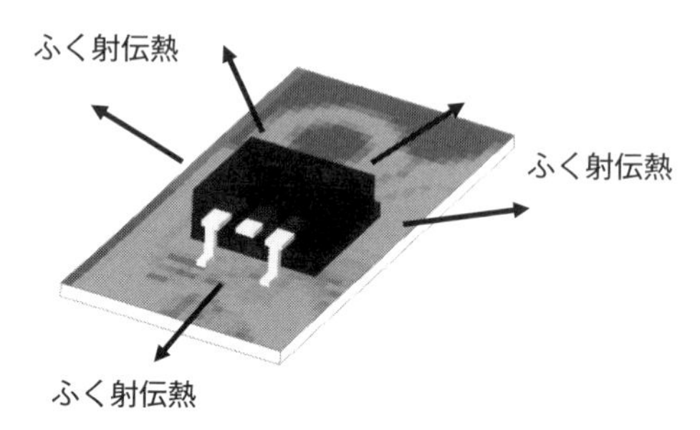

図3-16　1つの素子からのふく射伝熱量

3.4.5　ふく射伝熱の応用

物質の材質や表面状態により、実際の物体表面からの正味のふく射伝熱量は、理想値よりも小さな値となります。金属表面の放射率は低く、絶縁面の放射率は高いです。しかしながら、金属でも酸化膜があると逆に放射率は高くなります。塗装すると放射率は高くなりますが、塗装色はあまり関係しません。太陽光の下で黒い物体が熱くなるのは、表面温度が約6000 Kの太陽表面から射出される可視光域のふく射伝熱エネルギーが、放射率の高い黒い表面ではよく吸収されるからであり、可視光域を吸収するからこそ、黒く見えるわけです。暑い日に黒のTシャツを着るとわかりますように、表面温度が上昇している実感が沸くと思います。白ではなく黒のマスクが登場していますが、温度が上がりますので、暑い日は避けるべきでしょう。一方、車両内部の放熱設計において

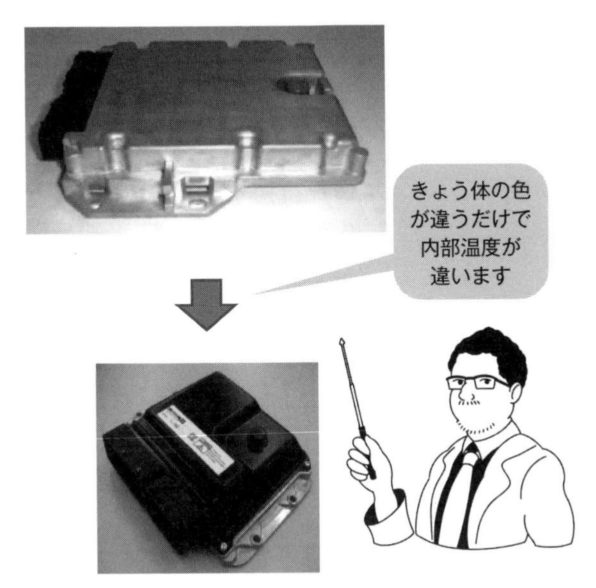

図 3-17　ECU のシルバーと黒のきょう体

は、温度範囲は 200 ℃がせいぜいであり、赤外線域のふく射伝熱となりますので、色の見た目で吸収率を判断することはできません。

ECU の異なる写真ですが、**図 3-17** のように、きょう体を塗装します。すると、ふく射伝熱の作用によって、数度下がる場合があります。左上のシルバーのきょう体では、内部にある半導体などが熱くなり、電磁波を出すものの、きょう体内面の吸収率が 0.15 程度であるため、反射されてしまいます。例えば、魔法瓶はお湯を保温したいため、ピカピカのステンレス製あるいは銀めっきを施した内びん表面から射出される電磁波を内びんと同様な表面性状を持つ外びんの内面で反射させることで、伝熱量を抑えています。ECU の設計では、逆に伝熱量を多くしたいですから、シルバーのきょう体内面を黒色にすると放射率は 0.8 以上と各段に上がり、射出された電磁波は内表面によって吸収されます。きょう体外表面よりも温度の低い周囲閉空間壁により多くのふく射伝熱エネルギーを射出することができます。その結果、きょう体内部の温度を、より低下させることができるのです。ですが、周囲閉空間壁の温度がきょう体温度と近いと、当然ですが、温度は劇的に下がりません。そして、温度は下がっても外気温までなのです。

[参考文献]

1）日本機械学会「機械工学事典」https://www.jsme.or.jp/jsme-medwiki/10:1013640
2）「エレクトロニクスのための熱設計完全入門」(1997.7)
「トラブルをさけるための電子機器の熱対策設計　第2版」(2006.8)
「エレクトロニクスのための熱設計完全制覇」(2018.5)
(以上、国峰尚樹著、日刊工業新聞社)
「電子機器の熱流体解析入門　第2版」国峰尚樹編著、日刊工業新聞社 (2015.8)

第4章

プリント基板上の温度低下対策

ECUの発熱源となるプリント基板からきょう体を介し、外部空気へ放熱する対策方法は様々です。伝熱設計をする技術者は、主に機械設計者が多いですが、プリント基板上での発熱抑制は回路設計する電子技術者がハンドリングできるようにするとよいでしょう。適切な実装基板上のアートワーク設計や素子の選択が対策のキーになります。部品内部の温度を均一にすることで、熱源である半導体が、局所に高温（ホットスポット）になることを極力抑えるようにします。また、半導体の熱源から外部空気へスムーズな熱の流れを作り、放熱しやすくします。具体的には、伝熱面積を大きくする、伝熱距離を短くする、熱伝導の良い素材を使うことです。この章では、実装している基板の温度を低下させるための、原理と対策を説明していきます。

4.1　IC周辺の伝熱設計概要

自動車業界で利用する制御用ICは、パッケージの小型化や低コスト化の要求により、シュリンクピッチのICパッケージのQFP（Quad Flat Package）や、BGAが主流になっています。BGAはパッケージ直下に電極ピンを配置することにより、実装面積を小さくできることが特徴です。そのため、コストの高いプリント基板上に他素子を有効に配置できるので、小型化、低コスト化に有効です。電源回路では回路構成上、チップに大電流が集中して流れるため、チップが局所的にホットスポットとなります。IC内部のホットスポットは、ピーク温度を下げるために金属板でできているダイパッド（図4-3、図4-4参照）を利用して温度を均一化します。ジャンクション部から外部空気へ、可能な限り熱抵抗を低くした放熱経路を作り、IC表面へ熱を逃げやすくします。

図4-1はプリント基板に実装されたCPUの温度分布を示すコンタ図です。一方、**図4-2**は、実際にICを実装したプリント基板を動作させ、ICおよび周辺のホットスポットをサーモグラフィで撮影したものです。中央の□で囲んで

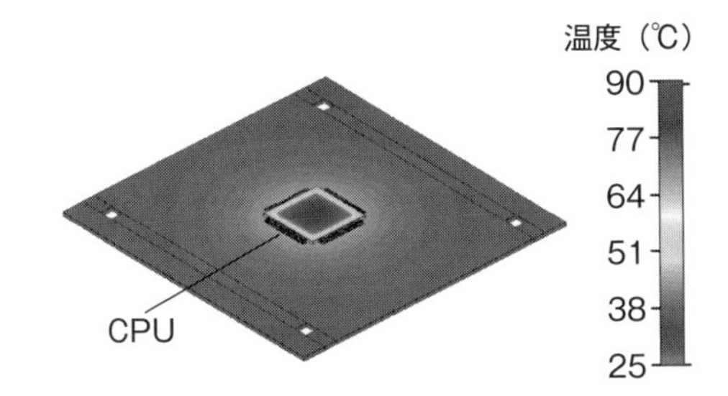

図 4-1　CPU（QFP）のみの場合の温度コンタ図

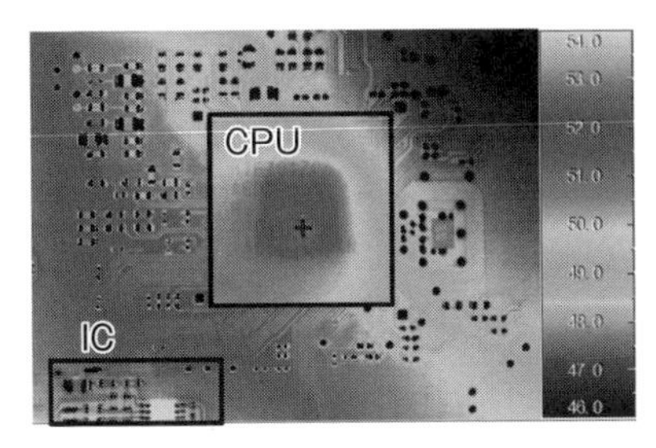

図 4-2　ECU 基板上に実装された CPU 周辺の実測サーモグラフィ写真

いる部分が CPU であり、ホットスポットありの場合、温度こう配がわかります。また、中央 IC から見て左下部分には別の IC が実装されて基板が高温となっており、基板右上の温度と比較して数度の差が発生しています。IC のような最大定格温度の低い素子は、周囲素子の配置も考慮して、基板温度の低い位置に配置するということも肝要です。

4.2　IC 内部の温度均一化

放熱性能が良い代表として、Exposed Die Pad パッケージを**図 4-3** に示します。放熱性能を上げる対策として、ダイパッドが露出（expose）しており、ダイパッドで内部温度を均一化しています。例えばパッケージの表面や裏面に露出させたヒートスプレッダを基板にはんだ付けし、基板のサーマルビアで内層に接続するなどの構造をとり、放熱します。また、BGA IC のパッケージの中

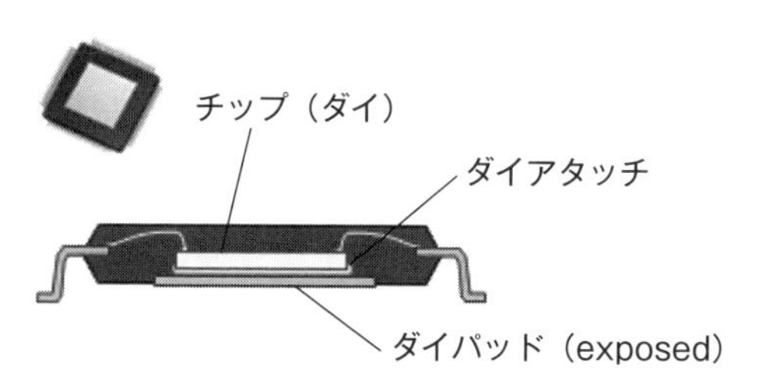

図4-3　Exposed Die Pad の概要

央には、はんだのサーマルボールを配置して、チップからプリント基板へ熱拡散する方法があります。リード付部品であれば、リードフレームの厚みや高熱伝導化、樹脂の高熱伝導化などが主な対策です。

4.3　伝熱解析に使用するICの構造

IC内部の材質や構造によって、熱抵抗値が異なります。**図4-4**に例としてQFPパッケージのICの構造を示しており、伝熱解析モデリングするための代表的な寸法となります。IC図の詳細のままモデルに落とすと、メッシュ数が多くなりすぎて、解析に負荷がかかりますので、簡易化をする必要が出てきます。放熱の寄与度が大きい部位を残しつつ、簡素化します。寄与度を分析するには、市販のデータ解析ソフトなどを活用すれば算出することができ、回帰分析により算出していきます。ICのリードは寄与度が高い部位ですが、構造が細くメッシュが小さくなるため、空気とリードを合成した等価熱伝導率になるように簡易化するとよいでしょう。IC内部のワイヤボンディングは、金などの高熱伝導素材でできていますが、径が細くあまり伝熱しないため、省略してもよいでしょう。チップ（ダイ）のサイズ、ダイアタッチの熱伝導率、樹脂モールドの熱伝導率などが寄与率の高い因子になります。少し詳細を述べていきましょう。

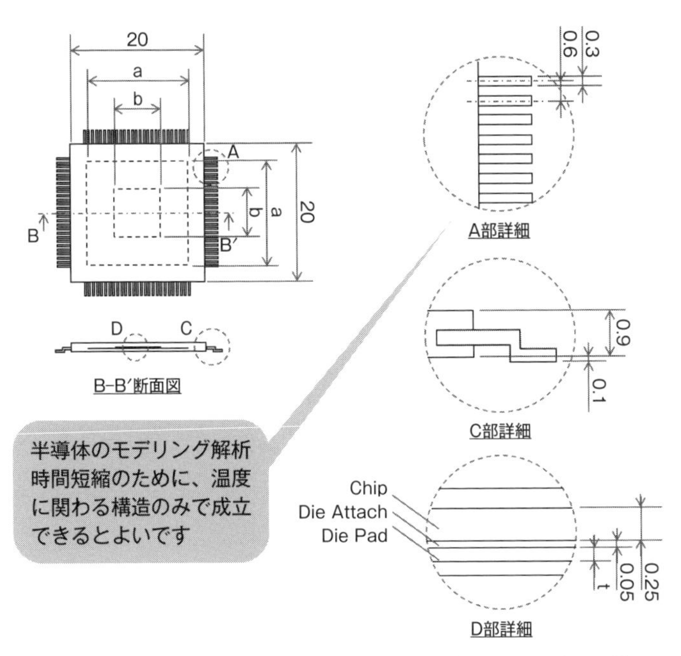

図 4-4 伝熱解析に使用するICの構造（QFPパッケージ）

表 4-1 IC内部の代表的な寸法

記号	部品	サイズ［mm］
a	ダイパッド長さ	10～15
b	チップ長さ	1～10
t	ダイパッド厚さ	0.1～0.2

表 4-2 代表的な材質の熱伝導率

部品	材質	熱伝導率［W/(m·K)］
モールド	エポキシ樹脂	0.84（④で0.3～3比較）
リード	銅合金	301.5
チップ	シリコン	117.5
ダイアタッチ	銀ペースト	20（②で0.3～20比較）
ダイパッド	銅合金	301.5（③で0.3～400比較）

4.3.1　チップサイズ

ICのチップは発熱源であり、サイズが小さければ熱が集中、つまり発熱密度が大きくなり温度が高くなります。この熱が集中しないように、チップの放熱や構造を支える熱伝導率の高いダイパッドを配置し、平面方向への熱拡散を促進させます。**図4–5**はチップサイズ□1 mm～□10 mmの伝熱シミュレーション結果です。ダイパッドにより、IC全体に熱拡散していることがわかります。しかし、チップサイズが□1 mmのように小さい場合、完全には熱拡散できず、チップ部分の温度が高くなります。ダイパッドが□15 mm、チップサイズが□1 mm～□10 mmの範囲で、熱抵抗は約10（℃/W）の差になります。これは1 W発熱あたり10℃の差となります。

また、ICは電源回路などの機能により、チップの一部分が局所的に発熱する場合があります。温度を測定する際は、**図4–6**のように事前にサーモグラフィで最も高温の発熱部を特定し、その部分に熱電対を取り付けなければいけません。

チップの厚さがt0.1とt0.2の場合として比較した、チップ面積と熱抵抗の放熱能力を**図4–7**に示します。チップの面積とICの熱抵抗は、ほぼ反比例関係にあります。

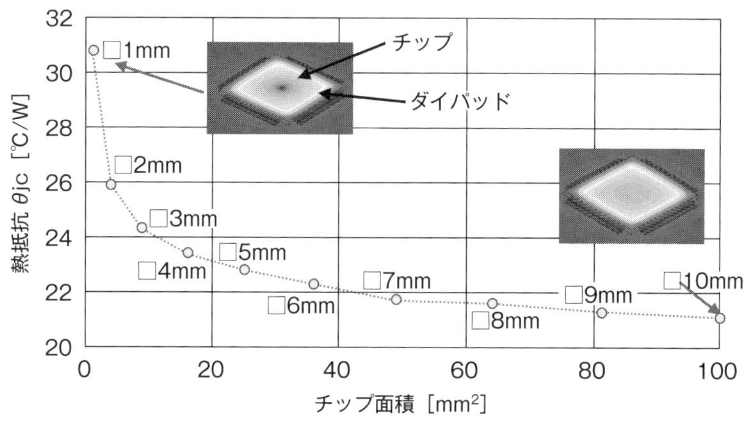

図4–5　チップサイズの影響

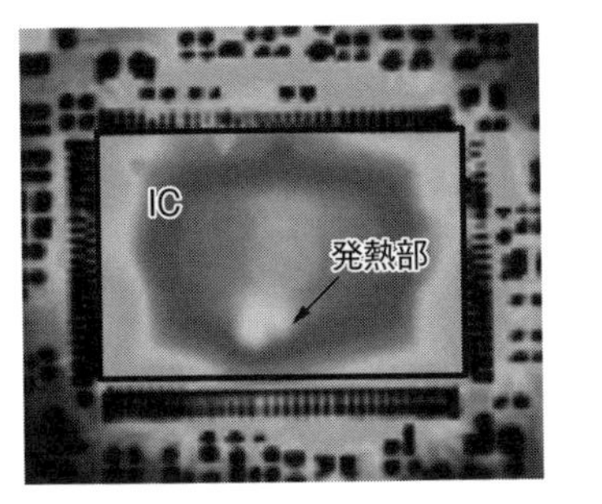

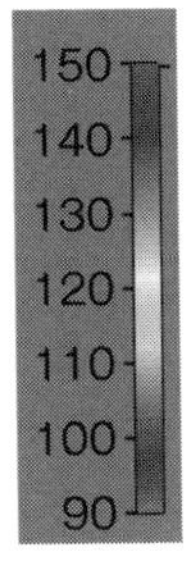

図 4-6 IC 内部の局所的な発熱

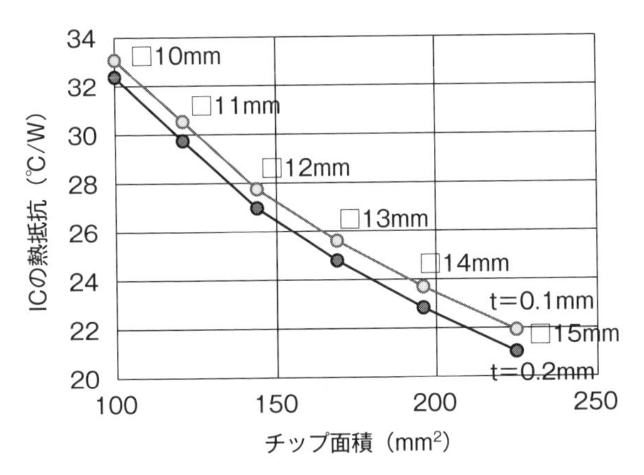

図 4-7 IC の熱抵抗に及ぼすチップサイズとダイパッド厚さの影響

4.3.2 ダイパッドの熱伝導率

ダイパッドの材質は銅合金であることが多いため、熱伝導率は約300～400 W/(m･K) となります。

図 4-8 に示すように、チップの面積と同じくこちらも反比例の関係にあり、熱伝導率100 W/(m･K) 以下の領域では熱抵抗が急激に変化しますが、300～400 W/(m･K) の領域ではほぼ飽和しており、ほとんど変化がありません。

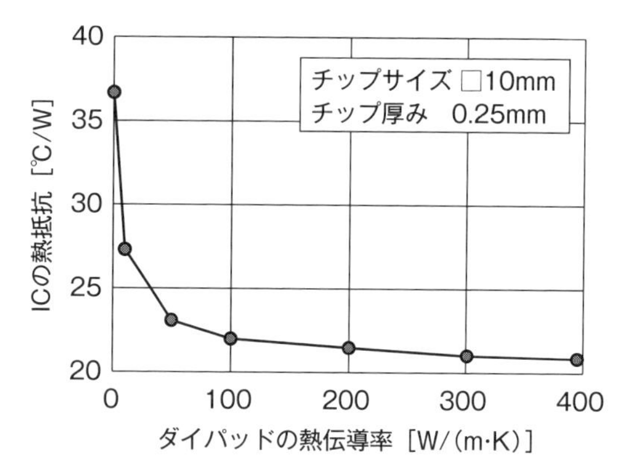

図 4-8　IC の熱抵抗に及ぼすダイパッドの熱伝導率の影響

4.3.3　ダイアタッチ（ダイボンド）材

ダイアタッチ材は、ICのチップとダイパッドを接着するために使用されます。一般的には、エポキシ樹脂に銀粉を混ぜた銀ペーストが使用され、銀の含有率により熱伝導率が変化します。**図 4-9** にダイアタッチ材の熱伝導率と熱抵抗の関係を示します。はんだダイボンドを使うとさらに熱伝導性は良くなり、60～90 W/(m·K) 程度になりますが、図 4-9 から読み取れるように、もともと厚みが薄く熱抵抗の小さい部材ですので、一定の熱伝導率があれば、熱抵抗への影響はほとんどありません。

4.3.4　モールド

半導体は、外部保護のためエポキシ樹脂でパッケージングされています。エポキシ樹脂にシリカフィラー（SiO_2）が入っており、Si チップの材質に近づけるよう調合でき、お互いの熱膨張係数の差を少なくすることが可能で、チップを封止する際の変形などを抑制できます。さらに、フィラーをシリカフィラーからアルミナフィラー（Al_2O_3）にすることで、モールドの熱伝導率が高くなり放熱に寄与します。

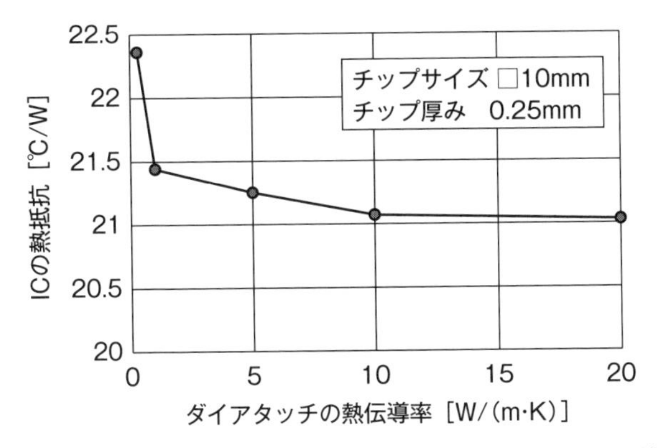

図 4-9　IC の熱抵抗に及ぼすダイアタッチの熱伝導率の影響

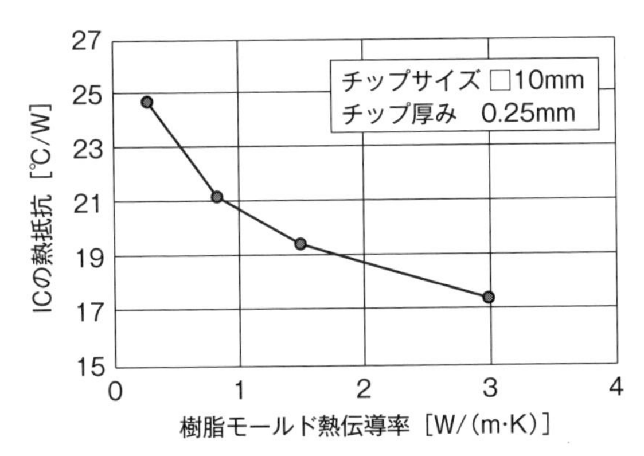

図 4-10　IC の熱抵抗に及ぼす樹脂モールドの熱伝導率の影響

一般的に、エポキシの熱伝導率は 0.3 W/(m·K) 程度ですが、IC のモールド材は、フィラーにより熱伝導率は 0.8 W/(m·K) 程度に上昇します。モールドの熱伝導率が、IC の熱抵抗にどのような影響を及ぼすか、**図 4-10** に示します。

4.3.5　上面放熱の素子

最近では、**図 4-11** のように、ヒートスプレッダがパッケージの上面に配置されて、直接放熱材を介し、きょう体へ放熱させることが可能なパッケージが

図 4-11　上面放熱パッケージ

あります。プリント基板側ときょう体側の両面で放熱可能とした素子のメリットとして、基板への放熱量が減少します。これは、基板温度が上昇することを抑制し、併せてきょう体への放熱が進むため、きょう体内部の温度上昇が緩和されます。ただし、きょう体と素子のトップとの間のクリアランスが大きいと効果が低下するため、最適なクリアランス設計を必要とします。

4.4　伝熱解析に使用する MOSFET の発熱要因、解析精度とその対策

4.4.1　制御回路における MOSFET の動作概要

MOSFET は主に駆動の On/Off のスイッチングの役割を果たします。**図 4-12**のような回路で説明しますと、アクチュエータを駆動する場合、バッテリから電源を供給しますが、IC からの制御信号に応じて、MOSFET のスイッチングを繰り返し、アクチュエータに流れる電流を制御します。回路仕様は、各種の公差やばらつきを考慮して設計することになります。例えば、ばらつきは、バッテリ電圧 12 V は外部温度変化やバッテリのへたりなどで出力電圧が変動します。公差は、駆動する MOSFET の各温度特性を考慮に入れます。この際、アクチェータ制御は、駆動周波数で発熱量がかわります。MOSFET が許容温度範囲を超えた場合、その素子や周辺回路の変更の他に、OEM と制御につい

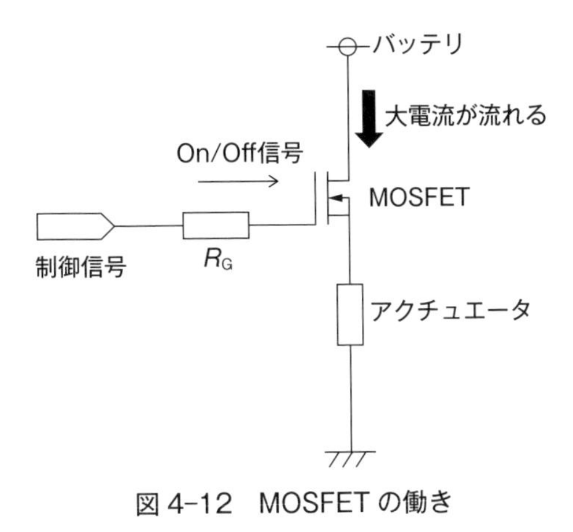

図4-12　MOSFETの働き

てすり合わせすることになります。多くの検証時間がかかる要因となるのです。

4.4.2　MOSFETのオン抵抗

MOSFETが動作オン状態であるとき、電気抵抗はゼロにはならず微小な抵抗成分を持ちます。これはドレイン・ソース間の抵抗でオン抵抗と呼ばれ、値が大きいほど、動作時の電力損失が増えることになります。このオン抵抗 R_{on} はデータシートに**表4-3**のように記載されます。データシートとは、回路設計に必要な、各ピンの役割や電気特性を示す資料であり、半導体デバイス毎に各メーカが発行しています。例えば、このMOSFETが常にOnの状態で、オン抵抗が50 mΩで2 Aの電流が流れ続ける場合、発熱量は $P=I^2\times R$ なので0.2 Wになります。実際のMOSFETは、**図4-13**のように温度上昇に伴ってオン抵抗が変化します。

表4-3　MOSFETのオン抵抗

Parameter	Symbol	Conditions	Values			Unit
			Min.	Typ.	Max.	
ドレイン・ソース間オン抵抗	R_{on}	T_j=25 ℃	–	50	100	mΩ

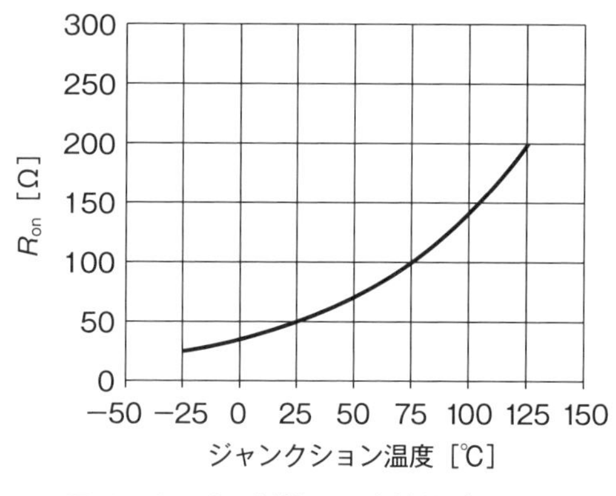

図 4-13　オン抵抗の温度特性グラフ例

4.4.3 スイッチング時の損失

MOSFETが常にOnの状態であれば発熱量の計算は簡単ですが、そのようにはいきません。実際は高速でOn/Offの動作をしており、このスイッチングの際に発生する損失をスイッチング損失といいます。スイッチング損失は、On/Off動作毎に発生しますので、駆動周波数が高くなると、オン損失よりもスイッチング損失は支配的となり、スイッチング動作を含む損失計算が必須になります。MOSFETの発熱量はドレイン・ソース間電圧 V_{DS}×ドレイン電流 I_D により求められます。MOSFETがOff状態のときは、V_{DS} が高く I_D がゼロの状態です。ターンOn（OffからOnに切り替わる状態）では、電流の増加に伴って電圧が徐々に減少していきます。逆にターンOffでは、電流が減少し電圧が増加します。この動作を**図 4-14**に示します。スイッチング動作は、電流と電圧が徐々に変化するため、図のように、両者を乗算した結果の発熱量が高くなる傾向があります。一方で、On状態は、電流は大きいですが電圧が低いため、両者を乗算した発熱量は比較的小さくなります。

スイッチング動作は電流及び電圧が高速で切り替わる動作なので、高周波のノイズが重畳しEMCのエミッションが悪化しやすい回路動作となります。ゲート抵抗を可変して図4-14の、ターンoff、ターンon時の電流及び電圧の変化

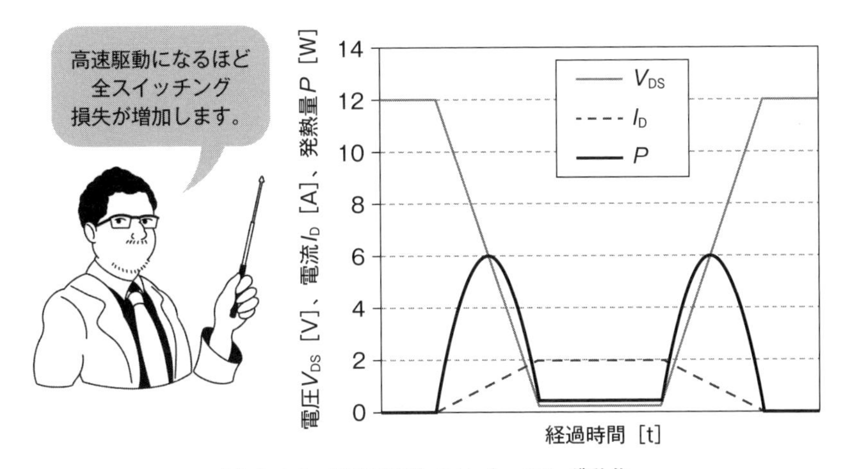

図 4-14 MOSFETのスイッチング動作

を緩やかにすることでノイズの発生を抑えるような処置を行う場合があります。ですが、ターン off、ターン on 時の切り替わりが遅くなると、その分電流・電圧が同時に存在する期間が長くなることになり、電力損失が多くなります。そのため、熱と EMC は背反関係にあると言えます。**表 4-4** にデータシートのスイッチング速度を示します。

データシートに記載の各スイッチング速度の数値は、Conditions に書いてある値の条件に限っており、実際に設計する製品の仕様とは異なります。製品では、これに加えて配線や基板などのインピーダンスが付加されるため、上昇・下降時間が長くなり、発熱量が増加します。そのため、正確な値は、使用する

表 4-4 MOSFETのスイッチング速度

Parameter	Symbol	Conditions	Values			Unit
			Min.	Typ.	Max.	
ターンオン遅延時間	$t_{d(on)}$	$V_{DD}=100$ V $V_{GS}=10$ V $I_D=10$ A $R_L=R_G=10\ \Omega$	–	50	–	ns
上昇時間	t_r		–	200	–	
ターンオフ遅延時間	$t_{d(off)}$		–	120	–	
下降時間	t_f		–	140	–	

プリント基板上で測定することが必要になります。

4.4.4　温度は1℃、電力は0.1 Wレベルの解析が必要

伝熱設計を実施する上で、素子の発熱量は温度への寄与度が一番高いです。例えば、あるECUのプリント基板に搭載のMOSFETの消費電力を、2 Wから0.1 Wずつ変化させていった伝熱解析が**表4-5**になります。表のとおり、0.1Wの変化でチップ温度が約3℃変化しています。ICやMOSFETなど能動部品の発熱量の測定は厄介ですが、このように電力を正確に算出することが非常に重要です。

表4-5　MOSFETの発熱量と温度

発熱量（W）	2.0	2.1	2.2	℃
T_J（℃）	89.3	92.1	95.2	95
温度 コンタ図				86 77 68 59 50

4.4.5　素子のサイズアップ

半導体は、年々パッケージの小型化が進んでいます。既存の製品と同じ回路構成であった場合、その素子の発熱量が変わらないのにも拘らず、表面積が小さくなり、発熱密度が大きくなります。発熱密度はW/cm^{2}で表します。そのため、表面積が小さくなれば、発熱密度は急激に上昇することになります。小型のパッケージを使うのは製品の小型化にはよいですが、素子の温度は高くなります。では、どのように対策していくかですが、同じ性能で小さい素子があれば使いたくなる気持ちはわかりますが、プリント基板面積に余裕がある場合は、同等の機能のある素子でパッケージサイズを大きくして、発熱密度を下げることも重要な観点です。次に、素子の大きさの大小による温度上昇を比較し

た結果を示します。発熱量が2W時で考えると12℃程度の差があります。1サイズ大きい旧来の半導体は、コストは安定しているため、変更が案外苦労せずに対策できます。**表4-6**のように大小のパッケージで、**図4-15**に外形を、**図4-16**にテスト実装基板を、**図4-17**に外部環境の試験設定条件を、**図4-18**に半導体の大小による発熱量と温度の関係を示しており、温度上昇値がかなり変わることがわかります。

表4-6　試験条件

プリント基板基材	6層FR-4
残銅率	表層70％　内層90％　　通電ビア：φ0.3×100本
等価熱伝導率	平面方向：45 W/(m・K)　垂直方向：0.42 W/(m・K)
寸法	TO-263　10 mm×10 mm×5 mm（表面積400 mm^2　底面積100 mm^2） TO-252　7 mm×7 mm×2 mm（表面積154 mm^2　底面積　49 mm^2）

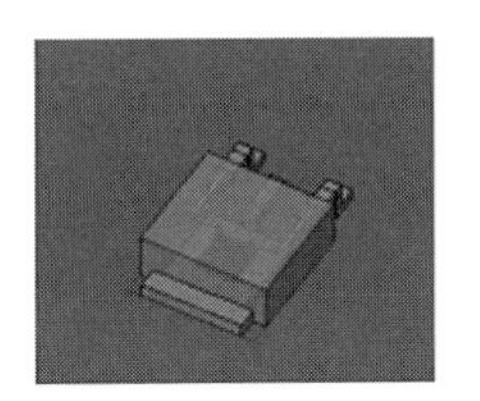

図4-15　実装素子（左：TO-263、右：TO-252）

図4-16　実装基板

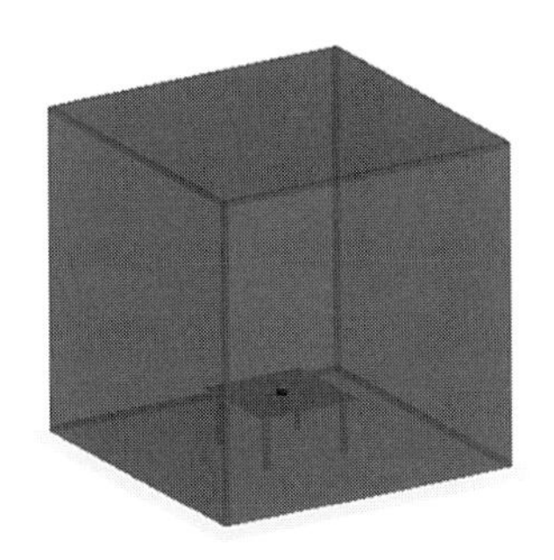

図4-17　外部環境の試験設定条件

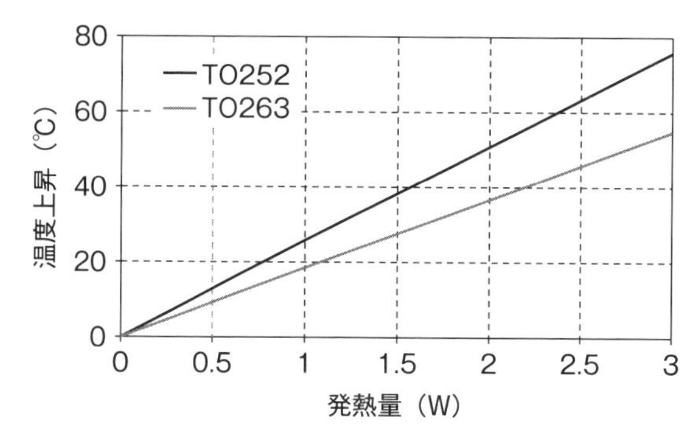

図4-18　半導体の大小による発熱量と温度の関係

4.4.6 ヒートスプレッダ

ヒートスプレッダの面積や、くびれ、孔のサイズによって放熱への寄与度が異なります。ヒートスプレッダの影響を見やすくするため、MOSFETを利用して代表的なパッケージ形状とその熱抵抗を**表4-7**で説明します。汎用品の半導体のヒートスプレッダは任意に選択することはできません。伝熱解析のモデルを作成するときには、**図4-19**のように放熱の寄与度が高い寸法になるので注意しましょう。プリント基板の条件は、寸法100 mm×100 mm、FR-4の材質、6層（外層18 μm、内層35 μm）での等価モデルで実施しています。

表4-7　ヒートスプレッダの形状とその熱抵抗

識別	A	B	C	D	E	F
ヒートスプレッダ 面積（mm^2）	43.1	45.0	45.7	49.5	51.1	54.1
熱抵抗（℃/W）	18.39	18.36	18.25	17.92	17.84	17.79
外観						

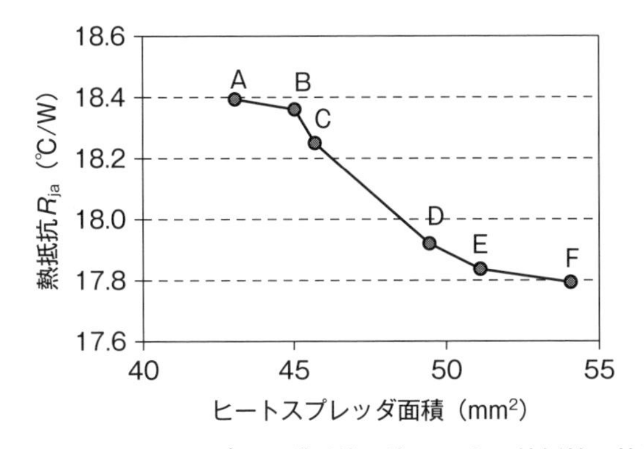

図 4-19　ヒートスプレッダ形状の違いによる熱抵抗の比較

4.5　部品のレイアウト

車載 ECU の多くは、数十～数百の部品が実装されています。駆動による発熱や隣り合う素子同士で伝熱・放熱することで、相互に影響を及ぼして温度上昇下降します。発熱部品が密集していれば、温度上昇し、離れれば温度下降します。例えば**図 4-20** のように、プリント基板の表裏に部品が実装されていて、左側のように、高温の MOSFET が 3 つ実装されています。さらに高温の素子 A と B が表裏面で重なり合うよう配置されており、素子や素子周辺温度が重畳され高くなります。そこで、発熱部品を表裏面の配置を含めて検討します。図の右側のように、素子 A と B を離すことと、MOSFET 群から遠ざけることで、お互いの素子の温度が下がります。基板全体の温度分布が変わり、そして素子の温度が緩和されているのがわかります。部品レイアウトの適正化は、放熱対策のアイテムを追加せずに実現できるため追加コストはかかりませんが、基板や製品のサイズにも影響するため、最初に検討すべき伝熱設計です。

4.5.1　熱拡散の方法

同一プリント基板表面での素子のレイアウトがどのように温度に影響するか、

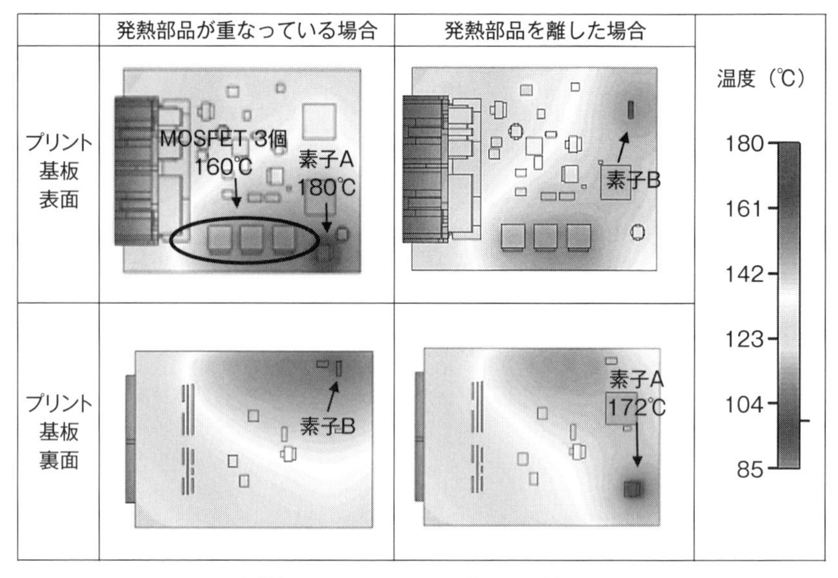

図4-20　発熱部品の配置によるプリント基板上の温度変化

図4-21　素子の実装位置による温度上昇の違い

1つのMOSFETを別配置した場合の例を見てみましょう。**図4-21**のように、2W発熱するMOSFETを100 mm×100 mmの基板の中央に配置した場合と、角に配置した場合では温度が27.9℃程度異なります。中央に配置した場合は基板の四方に熱拡散しますが、角に配置すると基板の一部分しか放熱に利用できません。つまり、放熱性を向上させるためには、つまり、放熱性を向上させるためには、プリント基板で熱拡散を促進できるように素子周辺の面積を広くします。

4.5.2 発熱密度（熱流束）の管理方法

部品レイアウトのもう1つのポイントは、発熱密度を緩和する方法です。例えば、**図 4-22** のように1つの MOSFET が 2 W 発熱する場合と、9つの MOSFET が合計 2 W 発熱する場合では、温度上昇に大きな違いがあります。このように同一の発熱量であっても温度が変わるのは、発熱密度が関係します。プリント基板上の発熱密度を扱う際には、素子の寸法範囲を表現するため、W/m^2 の単位を W/cm^2 を使用することを推奨します。図 4-22 の発熱密度を W/cm^2 で表現すると、例えば素子間隔を 15 mm として 9 個配置した場合には、MOSFET が 9 個の場合は 0.6　W/cm^2、MOSFET1 個の場合は 3.2 W/cm^2 となります。

伝熱設計で特に気をつけなければいけないのが、チップのシャント抵抗の発熱です。シャント抵抗とは、電子回路の電流を捻出するための抵抗器で、回路制御の影響を少なくするように数十 mΩ～数百 mΩ 程度です。この抵抗は発熱量が比較的小さいため、また他のチップ抵抗と混ざってしまい、感覚的に見落とされがちですが、サイズが小さいため発熱密度が大きい場合があります。3.2 mm×1.6 mm のチップ抵抗が 0.2 W 発熱している場合、発熱密度は 3.9 W/cm^2 になります。つまり、図 4-22 右側の MOSFET よりも発熱密度が大きく、高温になると予測されます。

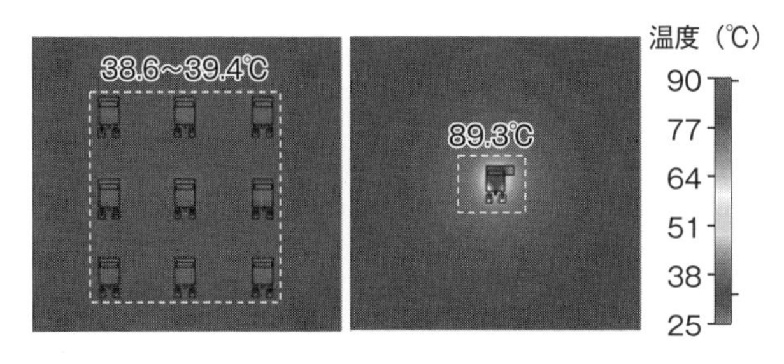

図 4-22　発熱量の分散と発熱密度

このように、発熱量ではなく発熱密度を頭に入れながら伝熱設計を行うことで、検討必要な素子を検出できるようになります。なるべく広い範囲に、1つ当たりの発熱量が小さくなるよう部品を分散させていくことで、温度の低下効果があります。熱的な理想の部品レイアウトは、発熱部品が基板全体に均等に分散されている状態です。この理想的な状態を利用して、伝熱設計の成立可能性を見積もる方法を次項で説明します。部品のレイアウトが「理想的な状態≒基板全面が均等な発熱状態」であるため、レイアウト設計に入る前に、製品全体として伝熱設計の成立可能性あるか検証できます。

4.5.3　発熱密度による製品のガイドライン

ECU の伝熱設計において、放熱方法の選定は ECU の機能やサイズ、コストなど様々な要素を考慮していきます。そのため、採用すべき放熱対策のアイテムは製品ごとに異なり、一意に決定することが困難なため、設計者のスキルや知識に依存することが多く、頭を悩ませる課題になります。ECU 伝熱設計をする設計者が、放熱対策のアイテムを適正に選択するための、具体的なガイドラインが必要です。伝熱解析を実施して、試作前に伝熱設計成立の可能性を確認するというプロセスは、その段階では納入先と仕様取り決めしており、製品仕様の大幅な変更が困難なので、まずは企画の初期段階で設計者が、簡易に伝熱設計成立の可能性を検討できるようにします。

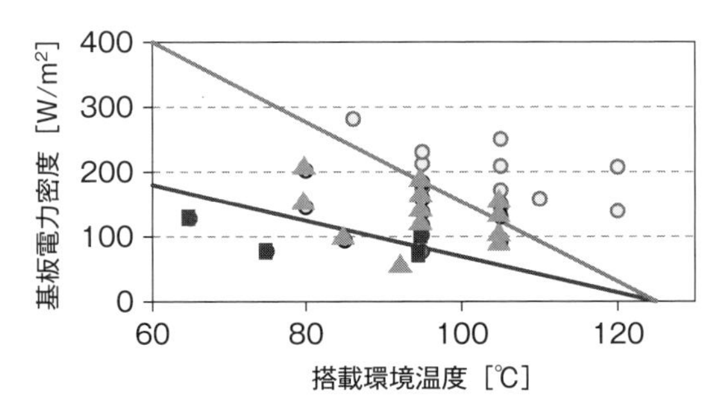

図 4-23　製品の放熱余裕度の確認グラフ

図4-23は、過去の製品のデータを使って、縦軸をECUの総発熱量を基板の面積で除算した発熱量（＝部品レイアウトの理想形）、横軸を搭載環境温度で表しており、伝熱設計の成立の目処が立つか否かを検証したものです。データにした製品の前提条件については、以下のようにしています。

・きょう体：樹脂、鋼板、アルミダイキャストで縦250 mm、横200 mm、高さ50 mm以内
・総発熱量：10 W～40 W
・プリント基板寸法：90 mm×90 mm～200 mm×200 mm

□のゾーンは特に対策なしでOKだった製品、△のゾーンは適切な放熱対策でOKとなるゾーン、○の範囲は放熱対策ではどうにもならず製品の抜本的な見直しが必要となったゾーンです。ここでのポイントは、設計する上で、上の薄い線の近傍を狙うことです。下の濃い線では、まだ伝熱設計としては楽々OKですので、もう少しきょう体、プリント基板を小型化して製品性を高めます。薄い線は今まで説明した発熱密度や電力などを考慮してぎりぎりOKかNGかですので、ここの範囲で答えを見つけることです。そうすれば、競争力のある製品の姿がおのずと見えてきます。自部署内の製品で、このようなグラフを作成しておくことで、部品レイアウト設計に進んでもよいか、それとも製品サイズなどを見直すべきかを、容易に判断できるようになります。

4.5.4　発熱素子同士の温度上昇の抑制

前項で示したように、部品レイアウトは基板の放熱面に熱が拡散するよう、発熱素子同士を遠ざけて配置することが重要です。**図4-24**に素子同士が接近した事例を示します。発熱部品が基板の左上端に配置されているため、高温になっていることがわかります。一方で、基板の右上端は低温であり、まだまだ放熱の余地が残っています。

このような部品レイアウトは、実は珍しくありません。大電流が流れるパターンは、ジュール熱が多くなります。パターンの抵抗R［Ω］に、電流をI［A］流した場合、P［W］$=RI^2$で表されます。ジュール熱を低く抑えるためには、

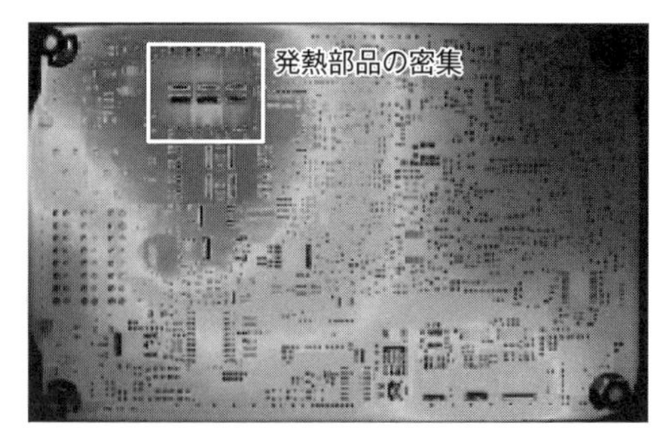

図 4-24　サーモグラフィによる発熱部品の密集レイアウトの例

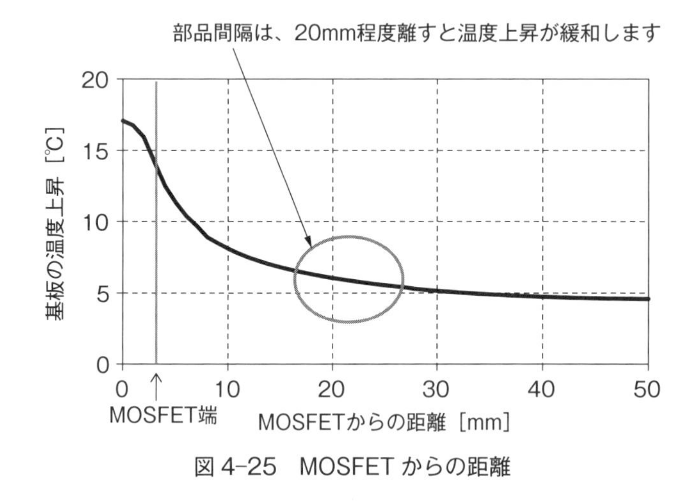

図 4-25　MOSFET からの距離

パターンの抵抗を小さくしたいですね。となるとパターンは太く、短く設計することになりますが、どうしても素子同士が近接することになります。素子同士を遠ざけるためパターンを長くするか、短くするかのトレードオフになります。このような回路ブロックは、高速動作していたり、大電流を扱っていたりするため、電気的なノイズが大きくなる傾向があります。したがって、EMC の観点からも、ノイズを出しにくくするため配線パターンを短くする、つまり部品を密集して配置することは避けられないため、部品のレイアウト設計をする際は、熱拡散とノイズの最適化が必要なのです。

では、部品間はどの程度離せばよいのでしょうか？　**図 4-25** は、100 mm×

100 mm×1.2 mm の 6 層基板 FR-4 基材において、中央に配置した 7 mm×7 mm×2 mm の TO-252 パッケージの MOSFET を 1 つ 1 W 発熱させた場合に、基板の中心部からどれだけ放熱するかを示しています。中心部から 10 mm までは温度が高く、できれば素子のレイアウトを避けたい範囲となります。この結果から、もう一方の MOSFET も同様に発熱するなら、20 mm 離して配置すると、広範囲に熱拡散して伝熱が少なくなります。

MOSFET の間の距離を変化させて伝熱解析を実施してみましょう。**図 4-26**（a）のように、基板の同一面に MOSFET を配置した場合と、図 4-26（b）のように裏面に MOSFET を配置した場合で検証します。中心間距離 d に対する、MOSFET の中心温度を**図 4-27** に示します。プリント基板の条件は、寸法 100 mm×100 mm、FR-4 の材質、6 層（外層 18 μm、内層 35 μm）での等価モデルで実施しています。

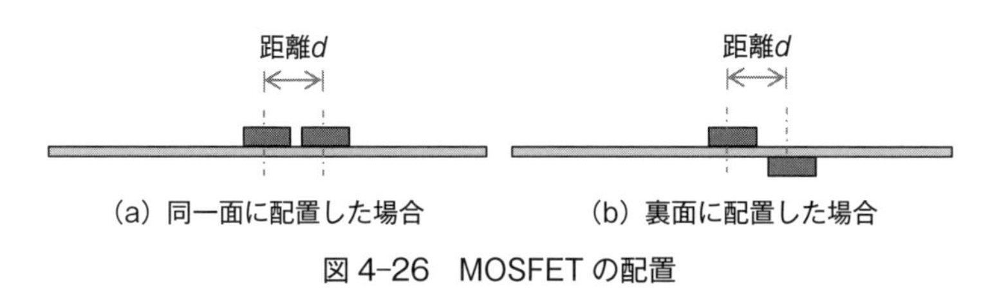

図 4-26　MOSFET の配置

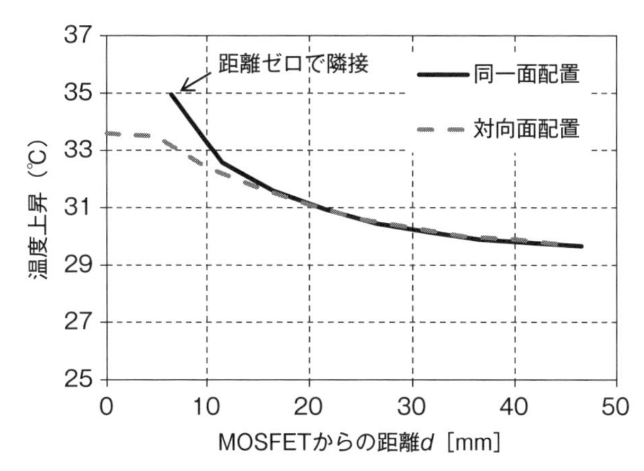

図 4-27　MOSFET 中心温度に及ぼす隣接する発熱素子の影響

同一面、裏面どちらに配置した場合も、図4–25と同様に距離が20 mm以上離れると温度変化は緩やかです。また、20 mmから50 mmまでの変化量は約1℃となります。同一面で隣接配置するよりも裏面に距離ゼロで配置した方が、温度が低いことになります。ノイズを考慮したい場合は、素子間距離を短くするために同一面でなく裏面に配置する、サーマルビアを配置するなど検討するとよいでしょう。

4.5.5　チップ抵抗の並列化

4.5.2項でチップ抵抗が集中した状況で発熱密度が高くなることを説明しました。これを緩和するためのチップ抵抗の熱拡散方法として、並列回路を構成する方法があります。**図4–28**のように抵抗を並列化することで電流が分流し、一つあたりの発熱量を低減することができます。チップ抵抗は、他の部品に比較して安価であること、サイズが小さく場所を取らないことから、比較的並列回路にしやすい素子です。

チップ抵抗を並列回路にした場合に、どれだけ温度低下効果があるか確認してみましょう。6層基板の中央にチップ抵抗を配置して、総発熱量が0.5 Wになるよう調整します。**図4–29**のようにチップ抵抗1608サイズを0.8 mm間隔でレイアウトします。

図4–30のように、チップ抵抗が1つの場合の温度上昇を100 %として、並

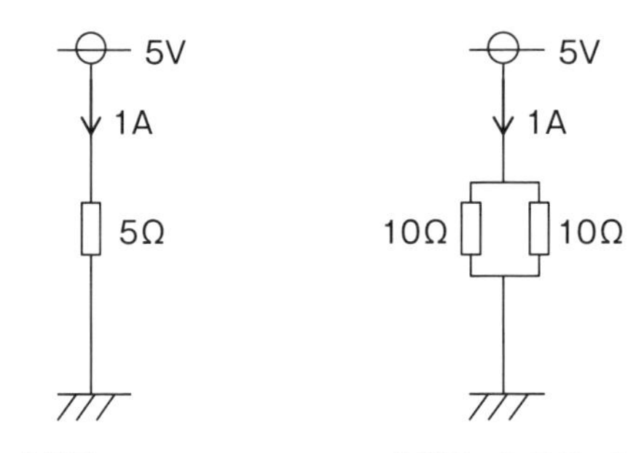

図4–28　抵抗の並列化による発熱量の低減

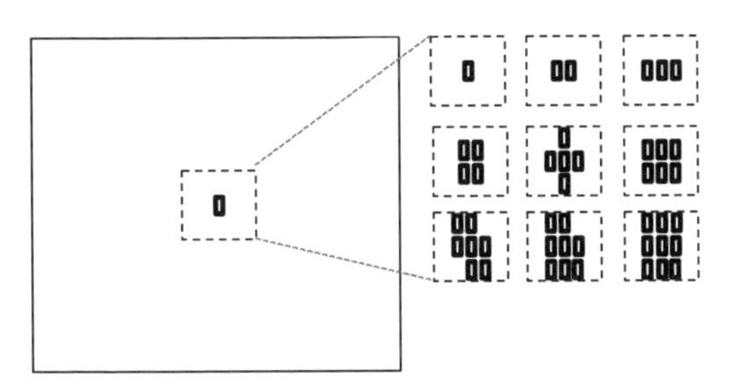

図 4-29　チップ抵抗の 9 種類の並列レイアウト

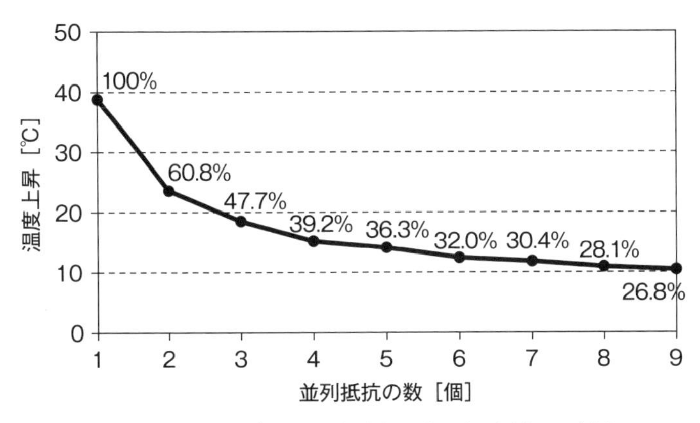

図 4-30　チップ抵抗の並列化による温度低下の割合

列回路による温度上昇の低減効果を割合で示します。並列回路により温度低下の効果がありますが、例えば2回路の並列にした場合でも、温度上昇が50％にはなりません。近くに配置されるため、温度が低くならないからです。2回路の並列の場合は約60％、3回路の並列で半分の約50％に至ります。また、5回路の並列以降は温度低下が小さいため、実用的には4回路の並列が妥当となりますが、条件によりますので、解析で計算して判断するとよいでしょう。

4.6 プリント基板を放熱材として扱う

発熱素子が実装されている基板は、放熱対策のアイテムの1つとなります。

一般に電子機器で使用される基板は、基材のガラス繊維布にエポキシ樹脂を含侵し熱硬化させた基板で、ガラスエポキシ基板と呼ばれています。よく車両用に利用されるのは、FR–4 や高耐熱性の FR–5（Flame Retardant type 4 or 5）などであり、FR は難燃性のグレードを表します。プリント基板の樹脂層は絶縁層ですので、熱伝導率が非常に低く、1 W/(m･K) 以下であり、熱拡散しにくいです。そこで樹脂の熱伝導を増加できるように樹脂層に熱伝導率の高いフィラーを入れたり、プリント基板内の接着の役割をするプリプレグの熱伝導を良くしたりすることで、伝熱の向上が見られます。プリプレグとは、ガラス布にエポキシ樹脂を含侵した基材です。一方で、プリント基板の中で熱伝導率の高い素材は銅箔です。プリント基板のトータル熱伝導率を大きくするため、パターン面積を可能な限り増やします。

4.6.1　基板の等価熱伝導率

基板は、熱伝導率の高い銅〔約 300～398　W/(m･K)〕と熱伝導率の低い FR–4〔約 0.3～0.7 W/(m･K)〕で構成されています。配線パターンの形状は複雑で、伝熱量の計算が困難であるため、基板の熱伝導率を 1 つのブロックとして「等価熱伝導率」で表現し、配線パターンの影響を考慮します。等価熱伝導率とは、熱伝導率が異なる複数の材質を、等価熱伝導率を有する 1 つの材質として扱う方法です（**図 4–31**）。

図 4–31　等価熱伝導のイメージ

等価熱伝導率を計算する際には、熱抵抗の合成で考えると理解しやすいです。**図 4–32** の 2 つのブロックを例に考えてみましょう。どちらも 1 辺 10 mm の立方体で、熱伝導率が 10 W/(m･K) と 100 W/(m･K) であるとき、式(1)の 1 次元の熱抵抗計算式から、熱抵抗は 10 K/W と 1 K/W になります。

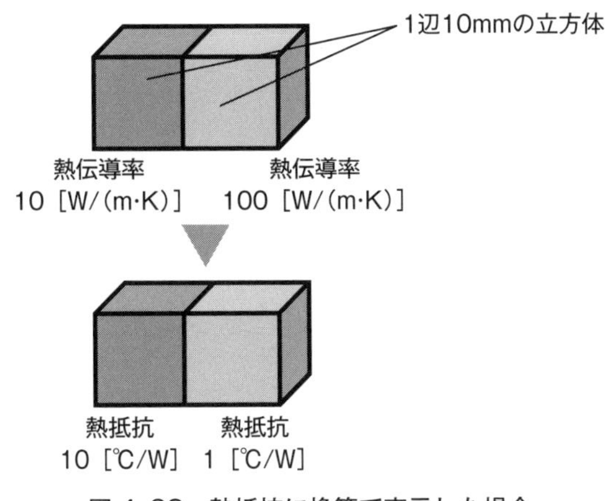

図 4-32　熱抵抗に換算で表示した場合

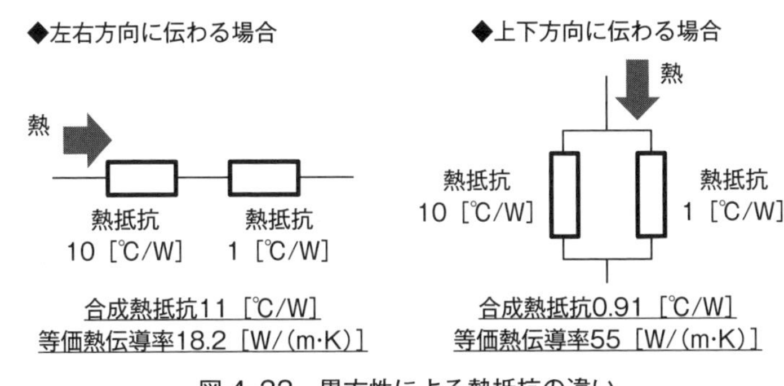

図 4-33　異方性による熱抵抗の違い

$$\text{熱抵抗}R_{\text{th}}[\text{K/W}] = \frac{\text{距離}l[\text{m}]}{\text{熱伝導率}\ \lambda[\text{W/(m·K)}]\times\text{面積}[\text{m}^2]} \qquad \cdots\cdots(1)$$

ここでポイントとなるのが、熱がどの方向に伝わるかによって熱抵抗の考え方が変わるという点です。**図 4-33** のように、伝熱方向によって熱伝導率が変わることを異方性があるといい、プリント基板の場合、平面方向と厚さ方向で異なる熱伝導率を用います（**図 4-34**）。

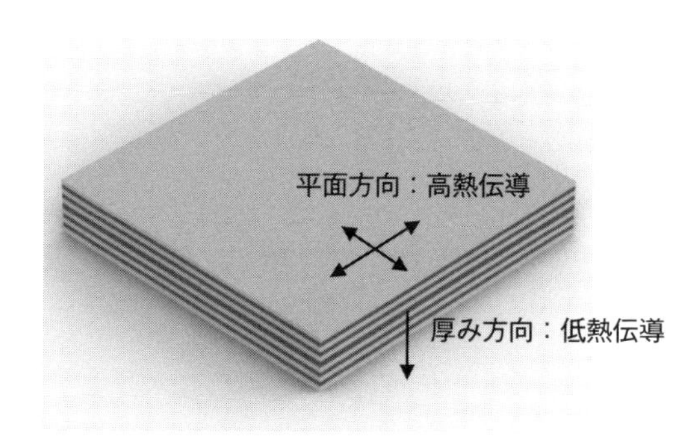

図 4-34　プリント基板の方向で熱伝導率は異なる

表 4-8　等価熱伝導率の計算に必要なデータ一覧

必要データ	概略
各層の残銅率	銅箔パターンが各層にどれくらいの銅箔が残っているかの割合で、プリント基板メーカーから各層ごとに百分率で入手可能。パターン設計の前段階では、過去の類似製品から数値を流用して入力する。
基板外形	基板の縦×横×高さ（mm）
基板の層構成	各層の銅箔パターン、コア材、プリプレグの厚さ寸法（mm）。 銅箔パターンの厚さは、設計値に対して実物が厚くなる傾向があるため、可能であれば断面カットして寸法を測定すると計算精度がアップする（図 4-35）。
表層めっき厚	両面の表層めっきの厚さは、およそ 20～40 μm。基板メーカーから入手可能。
ビアの本数	通電ビア、サーマルビア等の各穴径と本数。基板メーカーからドリル図で入手可能。
ビアのめっき厚	通電ビア、サーマルビアのめっき厚さ、およそ 20～40 μm。基板メーカから入手可能。
基材の材質	基材の熱伝導率が材料物性で異なるため、基板メーカーから熱伝導率を入手する。ガラスクロスによって、基材の熱伝導率にも異方性があるため、可能であれば入手する。

4.6.2　等価熱伝導率の計算方法

基板の等価熱伝導率を算出する方法を解説します。**表 4-8** に計算に必要なデータの一覧とその説明を示します。プリント基板メーカーごとにガラス繊維や

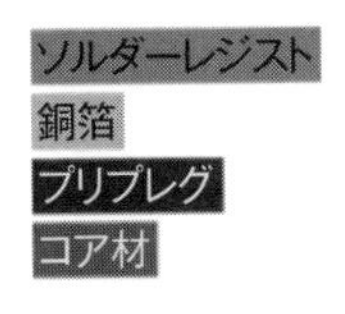

図 4-35　4 層基板の断面イメージ図

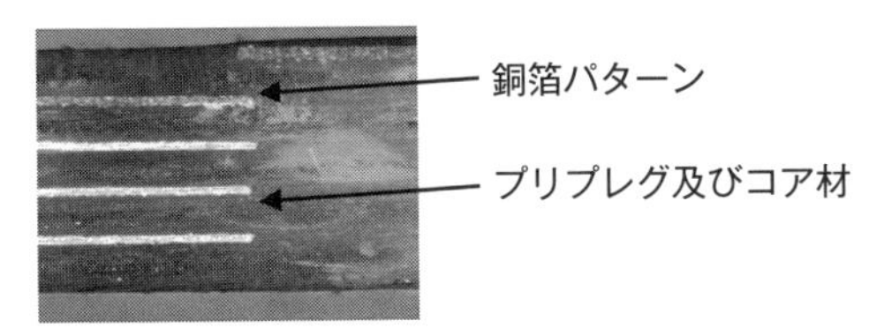

図 4-36　プリント基板の断面図

樹脂などの基材が異なるため、各社ごとに物性情報を入手しておきます（**図 4-35、4-36**）。

平面方向の等価熱伝導率計算の手順を以下に簡略して示します。基板厚み方向も同様に算出します。

①　配線部（めっき）、ビア、ビア内の空気、樹脂部の体積比より各銅箔層の等価熱伝導率 λ_i を算出

$$\lambda_i = \lambda_c \times (P_i + A_c/S) + \lambda_a \times A_a/S + \lambda_{re} \times (1 - P_i - A_c/S - A_a/S) \quad \cdots\cdots(2)$$

λ：熱伝導率［W/(m･K)］、P：残銅率、A：面積［m²］、

S：基板面積［m²］、i：i 番目銅箔層、c：copper　ビアの銅部、

a：air　ビア内空気、re：resin　樹脂

②　①で算出した λ_i より、面方向熱抵抗 r_i を算出

$$r_i = X/(Y \times t_i \times \lambda_i) \quad \cdots\cdots(3)$$

r：熱抵抗［K/W］、X：基板 X 方向寸法［m］、

Y：基板 Y 方向寸法［m］、t：thickness　銅箔層厚み［m］

③　絶縁層の面方向合成熱抵抗(R)を算出

・通電ビア銅部熱抵抗

$r_c = X \times A_c / S / ((Z - \Sigma t_i) \times Y \times \lambda_c)$ ……(4)

・通電ビア内空気熱抵抗

$r_a = X \times A_a / S / ((Z - \Sigma t_i) \times Y \times \lambda_a)$ ……(5)

・樹脂部熱抵抗

$r_{re} = X \times (1 - A_c / S - A_a / S) / ((Z - \Sigma t_i) \times Y \times \lambda_{re})$ ……(6)

熱回路網の直列則より　$R_{in} = r_c + r_a + r_{re}$ ……(7)

R：合成熱抵抗［K/W］、in：insulation 絶縁層

④　②、③より基板全体の面方向合成熱抵抗(R_{total})を算出

熱回路網の並列側より　$1/R_{total} = \Sigma 1/r_i + 1/R_{in}$ ……(8)

⑤　面方向等価熱伝導率を算出

$\lambda_{XY} = X / (Y \times Z \times R_{total})$ …… (9)

4.7 実践編　プリント基板を放熱材にするためのコツ

ここからは、実際に製品設計する場合、プリント基板を放熱材として利用する手法について説明します。

4.7.1 サーマルビア

プリント基板は、**図4-37**のように、銅箔パターンとガラエポ樹脂がミルフィーユのように重なった構造をしています。多層基板の等価熱伝導率は、平面方向の20～40 W/(m･K) に対して、厚さ方向は約1 W/(m･K) しかありません。そこで、厚さ方向の熱伝導率向上のために利用されるのがサーマルビアです。通電ビアは、層をまたぐ電気的な配線のために配置されますが、サーマルビアは伝熱のために配置されます。特に、MOSFETやexposed padのICなどは、サーマルビアを配置することで放熱のために基板からきょう体へスムーズ

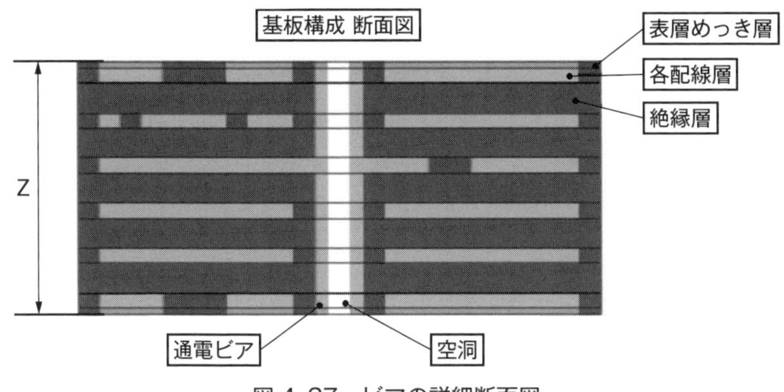

図 4-37　ビアの詳細断面図

に放熱する効果があります。基板に放熱ゲルを塗布してきょう体へ放熱する場合は、必須の放熱対策のアイテムとなります。一方で、**図 4-38** のように高温素子の温度が 140 ℃、低温素子が 130 ℃で熱平衡状態になっている場合、例えば高温素子の駆動周波数が上がり、150 ℃に温度上昇すると、一定周波数で動作している低温素子の温度が 140 ℃まで上昇してしまい、よくありません。サーマルビアは、プリント基板の面方向へ熱拡散を抑える役割もあります。そのため、隣接して熱に弱い CPU などを配置しなければならない場合、温度上昇を抑制できます。

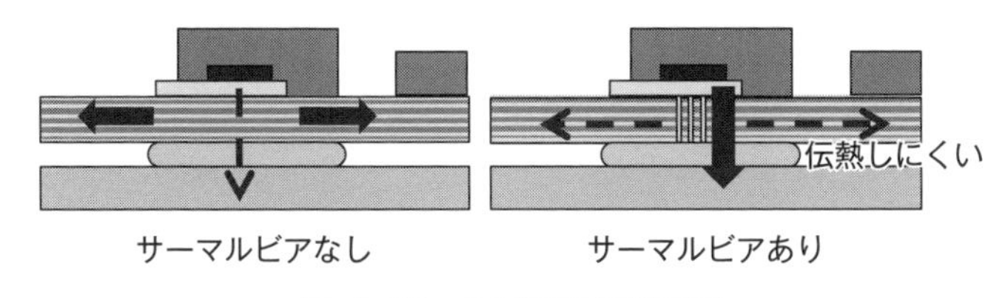

図 4-38　6 層基板の断面図

ビアの本数や位置によって、部品の温度上昇が変わります。図4-38に示したように、どこにビアを配置するかで素子の温度が変化します。右図のようにビアの本数を多くすると、素子の温度は低下します。ですが、その温度は**図 4-39** のようにビアの本数分低下するわけではなく、ある本数で素子温度の低下は少

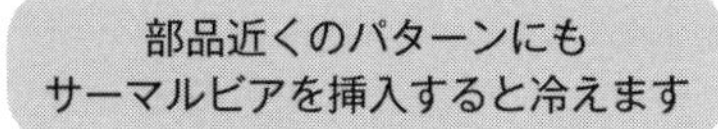

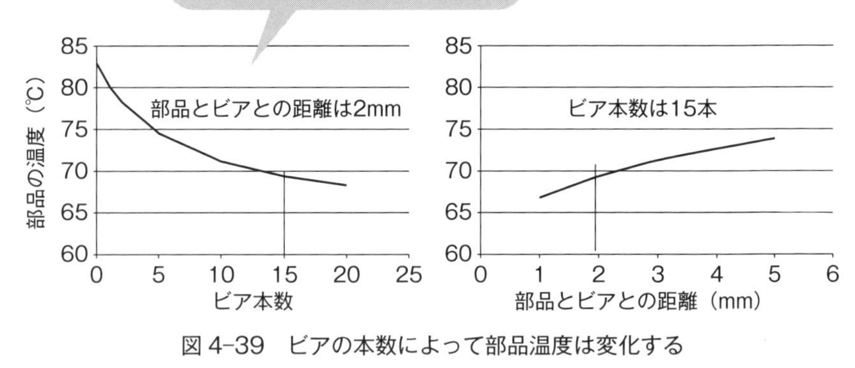

図 4-39　ビアの本数によって部品温度は変化する

なくなります。サーマルビア孔を空けることはコストがかかることにもなりますので、最適なビアの配置と本数を設計することで温度低下を見込めます。他方で、太いパターンは、大きな電流を流すことでジュール熱が大きくなるため、このパターン上にビアを利用して、基板実装面の反対面まで伝熱させ、放熱材経由できょう体へ逃がせば、効果が期待できます。

4.7.2　残銅率アップ

プリント基板の各層には、銅パターンがあります。これは、素子同士を電気的に繋ぐ役割を担っていますが、できるだけ銅を残すようにしましょう。これはベタパターンといわれたりしますが、素子を電気的につなぐパターン以外に、パターンが必要でない部分で、銅層を残しておくパターンをいいます。それを多く残せば、等価熱伝導率が増加し、放熱が良くなります。このベタパターンは、接続先がない状態ではノイズの原因になってしまうので、GND と接続して安定させる必要があります。そうすれば、EMC の耐性ができ、さらに放熱性能も向上します。

4.7.3　プリント板の基材の熱伝導率アップ

プリント基板の厚さ方向は、例えば厚さ 1.6 mm の基板で、銅箔パターンが厚さ 35 μm の 6 層の場合、銅の部分は厚さ 0.21 mm に対し、ガラエポ樹脂部分の厚さは 1.39 mm とほとんど樹脂で構成されます。そのため、この樹脂部分を通過する熱伝導の流れを促進させることが考えられます。温度上昇を低減できる代表的な基板には、メタルベースの基板やセラミック基板があります。樹脂基板では、高熱伝導の樹脂の採用を検討するとよいでしょう。

4.7.4　厚銅化

ガラエポ基板の内層の銅箔を厚くすると、熱拡散が促進され、局所的な温度上昇を抑えることができます。場合によっては 15 ℃前後温度低下します。**図 4-40** は、ECU が駆動している 6 層の実装基板のサーモグラフィの図になります。4 内層を左図：35 μm、右図：70 μm と銅箔の厚さのみ変化させており、その他の素子や回路構成は全て同一で作成したものです。全体として温度が 7 ℃程度下がっています。また、低温部（図の黒いところ）の温度が上昇し、効果的

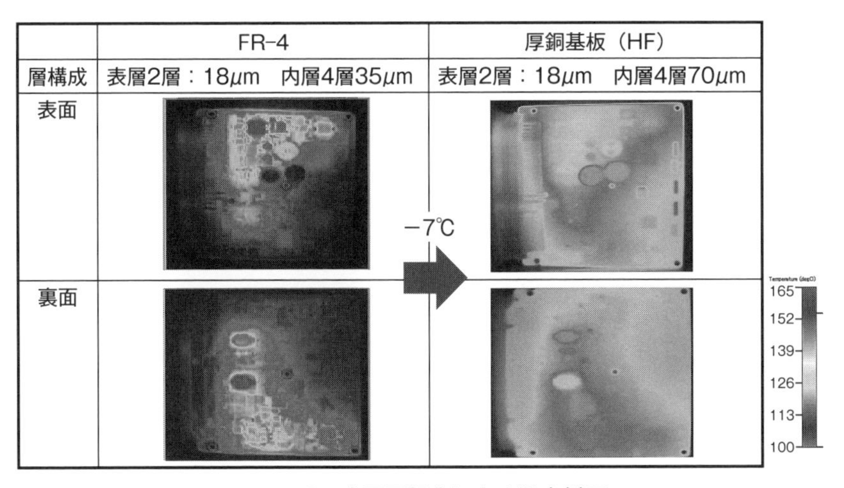

図 4-40　内層厚銅化による温度低下

に熱拡散していることがわかり、温度が全体的に平坦化されています。

4.7.5　プリント基板のサイズアップ

プリント基板をどうしても小さくしたいのはよくわかります。ですが、小さすぎて発熱密度を高くしてしまうと、製品成立のためには元も子もないですね。発熱密度を低減するために、一回り大きなサイズにできるのならお勧めです。ですが、プリント基板の取り数によってプリント基板のコストが大きく変動します。この取り数とは、プリント基板はサイズの規格があり、1020［mm］×1020［mm］、1220［mm］×1020［mm］となります。ここから何分割するかで取り数が決まります。多く取れる方がコストを低くできますので、基板の小型化を進めていくことになるのです。特にプリント基板は、電子機器の部品類で最も費用のかかる部品の１つですので、コストと伝熱面積のトレードオフを考慮しながら取り数を決定するのがよいでしょう。このトレードオフは、伝熱解析の真骨頂ですので、様々なレイアウトやプリント基板面積を検証するようにしましょう。

4.7.6　配線での放熱

銅の配線パターンは熱伝導性が良好なため、有用な放熱経路となります。特

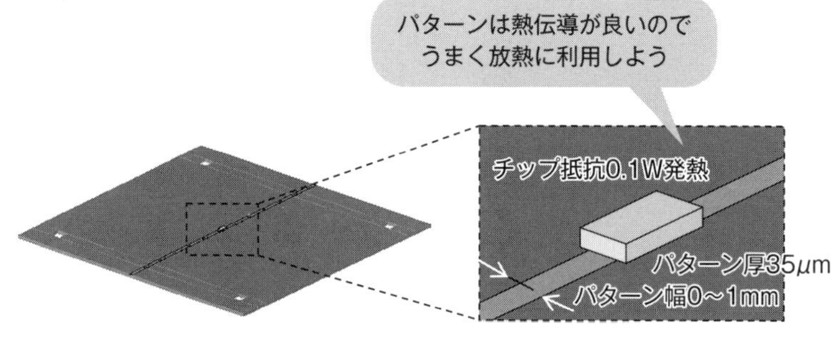

図4-41　チップ抵抗のパターン幅

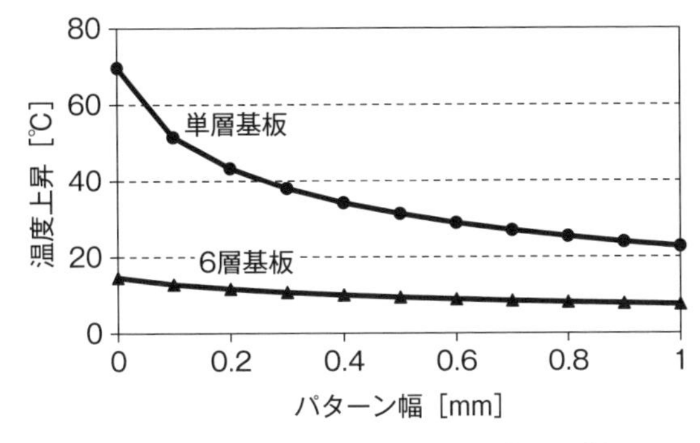

図 4-42 パターン幅と素子温度の関係

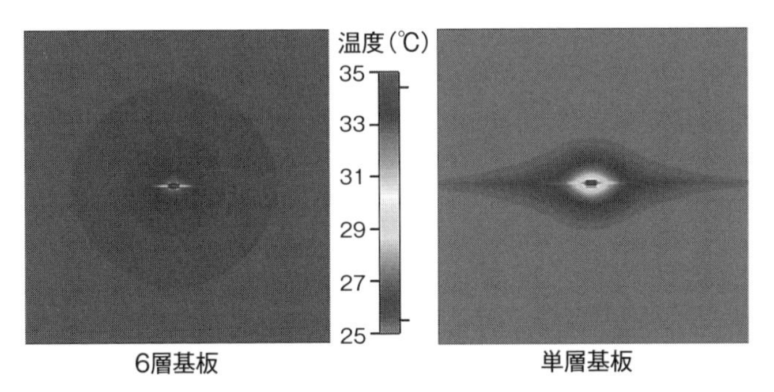

図 4-43 パターン内層の有無による熱拡散状態

にチップ抵抗などの体積が小さい部品は、相対的に配線パターンの体積が大きくなるため、配線パターンからの放熱が有効です。**図 4-41** のように、□100 mm 単層基板に 0.1 W 発熱する 3216 サイズのチップ抵抗が 1 つ実装されている状態でパターン幅を変更すると、**図 4-42** の素子の放熱効果が得られます。配線パターンを介した伝熱は、プリント基板の熱伝導率によりますが、およそ 20 mm 程度まで拡がります。今回のモデルの場合、配線パターン幅を 0.1 mm から 0.3 mm に変更するだけで、約 8 ℃の温度低下が得られます。一方で、6 層基板の場合は、単層基板と比較すると配線パターンの影響が小さくなります。これは、基板の等価熱伝導率が大きいため、配線パターン以外の放熱経路が支配的で十分放熱できているためです。**図 4-43** の温度コンタ図で単層と 6 層を比較すると、配線パターンからの放熱の程度がわかりやすいです。このように、同じ放熱対策のアイテムを用いても効果が大きく異なる場合があります。現在の製品スペックで、どの因子が放熱に支配的なのか考えていきましょう。

4.7.7　プリント基板の固定ネジ

プリント基板からのきょう体接触部分への伝熱は、ねじ部の接触熱抵抗が大きいため、あまり期待できませんが、ねじの近くだと放熱しやすいです。ねじから遠いエリアでは、所々に配置されている放熱ゲルが基板ときょう体の間に介在することで、基板が反りやすくなるため、基板・きょう体間のクリアランスが大きくなり放熱的には不利になります。一方、ねじ周辺部に配置した素子は、基板・きょう体間のクリアランスが確保されやすいため、比較的温度が下がりやすい傾向になります。

4.7.8　コネクタおよびワイヤハーネス

コネクタや、それに接続されるワイヤハーネスは銅でできているため伝熱しやすく、コネクタ付近は全体の温度と比較して低くなっています。そのため、高温になるような素子は、コネクタの近辺に置くことでも放熱対策となります。

以上が、プリント基板上でできる主な伝熱設計となります。きょう体による放熱に期待する前に、発熱している素子とプリント基板上の温度分布検証は、解析を活用して実施していきましょう。

第5章

きょう体部周辺の放熱性能向上

5.1　きょう体部による放熱対策への道筋

実際の設計現場における、伝熱設計の放熱対策について紹介しておきましょう（**図5-1**）。採用する放熱対策のネタは「どこに熱を逃がすか」で変わります。また、どのような組み合わせにより相対的に温度が下がるかは、主に熱伝導、ふく射伝熱、対流熱伝達によって異なります。そしてコストとのバランスを考慮して設計する必要があります。電子設計者がプリント基板を設計する前に、熱マネジメントしなければなりません。ECUのきょう体は、実装基板を保護する以外に、放熱を促進させる機能を持ちます。高温部である半導体素子からの発熱を最終的に温度の低く安定している場所へ放熱することです。高密度実装した場合、高熱伝導率基板などを使用して熱の拡散を促進してもプリント基板の温度は上昇します。基板の熱伝導率を高めればより温度は均一化してホットスポットは小さくできますが、ECU内部の平均温度を下げる効果はほぼあり

搭載条件
搭載方向（重力方向）
雰囲気温度T_a
温度拘束T_m
風速

ブラケット
熱伝導率UP
断面積UP
ブラケットを短くする
接触面積UP
形状による対流熱伝達
阻害の低減
黒色化

接触熱抵抗の低減
素子×基板（はんだなど）
きょう体×基板（接着剤、固定ネジなど）
上下きょう体間（シール剤、締付トルクなど）
ブラケット×ECU（締付トルク、熱抵抗低減剤など）

きょう体での放熱促進
ホットスポット低減
　熱伝導率UP
　肉厚UP
表面積UPで熱拡散
　放熱フィンの設置
　サイズUP
きょう体の黒色化

放熱材（TIM）
クリアランス縮小
塗布面積拡大
放熱材の熱伝導率UP
塗布位置、量の最適化

その他
ヒートパイプ
間接液冷
遮蔽板断熱
ペルチェ素子

図5-1　きょう体周辺の放熱方法

ません。

第4章で述べたように、伝熱設計は、まず実装基板上での検討を実施します。電子部品は、単位面積当たりの発熱量を抑制するとよいです。半導体は外形寸法が小さくなるほど局所的な発熱密度が高くなります。プリント基板は、母材である樹脂の熱伝導率が低く、実質断熱材のようになってしまいます。高熱伝導素材を利用するほか、銅箔パターンの残銅率を増やすことや、内層を厚銅化することで熱伝導性を高められます。サーマルビアの配置や個数の最適化も有効です。部品配置の際は、発熱素子同士の温度上昇を低減するように間隔を空ける工夫をしていきます。

半導体の熱が基板へ逃がせなくなったら、次は基板からきょう体までの放熱設計をします。上記の方法で基板の放熱を促進しホットスポットを小さくしても、ECU は防水であれば換気できないので、内部空気温度が上昇します。半導体の熱を、基板に放熱するのではなく、直接きょう体に逃がして外気に放熱することで内部空気の温度を下げることができます。

ここまでは主に電子設計者の担当範囲といえますが、機械設計者はきょう体を設計する際に、どのようにして基板から受け取った熱を ECU 外部に放熱していくかを考慮することになります。伝熱を促進するよう、熱伝導率の良い素材を利用することや、熱のふく射伝熱を向上させるために金属素地（シルバー）ではなく黒色にして放射率を上げること、空気への対流熱伝達を促進できるようにフィンを設けることなどの対策などにより、放熱しやすくします。

5.2　きょう体での放熱促進

5.2.1　ホットスポットを低減　～きょう体の熱伝導率を高くする～

きょう体材質は主に金属とか樹脂になることが多いでしょう。金属材料は、鋼板、アルミ板、アルミダイキャストなどで、50～240 W/(m･K) と熱伝導率が高いです。樹脂の熱伝導率は 1 W/(m･K) 以下が主流で、熱伝導は期待できません。樹脂のメリットとしては、安価・軽量であることが挙げられ、設計現場において検討する出番が増加傾向にありますが、放熱性は著しく低下するので放熱設計者はよく吟味する必要があります。

5.2.2　ホットスポットを低減　～きょう体の肉厚を厚くする

ECU の総発熱量が同じであれば、ECU の肉厚を厚くすると発熱密度は低くなるため、全体の温度は下がります。また、きょう体の温度が不均一である場合、肉厚にすることにより、熱伝導できょう体表面に広く拡散させることができます。ただし、部材のコストがかかりますので、費用対効果の検討をしておきましょう。

5.2.3　表面積アップで熱拡散　～放熱フィン（スプレッダ）の設置～

放熱フィンを追加することで、放熱面積を拡大することができ、対流熱伝達の効果も増します。ただし、ECU の表面に設置したフィン間の、自然対流や強制対流による空気の流れを阻害しないように、配慮する必要があります。また、樹脂などの熱伝導率の低い材質では、フィンまで熱が拡散しないため、効果的ではありません。フィンの使用は高熱伝導化とセットと考えてよいでしょう。スプレッダは多種多様ですが、きょう体に成型できるものは製造上限られて、スプレッダの形状が制限されます。

アルミ押出し材でのスプレッダの設計では、トング比と対称形状が量産時に、不具合を少なくなるための重点となります。トング比（フィン高さ/フィン隙間）が 8～13 が限界で、これ以上になると金型の寿命が短くなり量産製造に向きません。例えば、フィンの背が高い、フィン隙間が狭い、肉厚が薄いと製造できなくなります。そして、トング比は小さいと放熱面積が少なくなり、放熱効果も少なくなりますので、最適な設計が必要です。また、対称形状は、加工の難易度を下げることになります。

アルミダイキャストでは、フィンの厚みが 1 mm 以下になると金型の影響で製造が難しくなります。抜き勾配の配慮も必要になります。思いのほか重量が増加するので、軽量化の要求の中では、最低限のフィン枚数で設計することになります。

5.2.4　表面積アップで熱拡散　～きょう体のサイズアップ～

きょう体の表面積を拡大することは、放熱量を増やす効果があります。例えば、上記のフィンを設置することであったり、ECUのサイズを大きくすることであったりすれば、各温度は低くなります。車両の搭載場所に余裕があれば、きょう体を大きくすることで放熱問題は解決していくことが多いですので、OEM先と交渉するようにしましょう。

5.2.5　きょう体の黒色化（放射率を上げる）

ふく射伝熱は、材質、表面状態、色などで異なります。金属は熱伝導率が良い反面、光を反射するような素地の場合は放射率が低いです。せっかく、熱伝導率の良い金属できょう体を作成しても、ふく射伝熱によるふく射伝熱量が少なくなり、その放熱効果が低下することになりかねません。そこで、きょう体に塗膜を作ったり、表面加工をすることで、放射率を上げてみてはどうでしょうか？　ダイキャストでシルバーの素地と、カチオン塗装のような黒く塗った場合で比較をしてみたところ、105℃の環境温度、30 W相当の発熱量のECUでは、数度下がります。塗装自体は、熱伝導率が低い場合が多いですが、厚みが非常に薄いため、大きな熱抵抗とはなりません。困ったら、黒色化を考えてみてください。樹脂においては、元々艶消しのようなマットで黒色やグレーなどで放射率が高い場合が多く、特別な加工は必要ありません。ふく射伝熱性能を良くすると、ECUのきょう体温度、内部温度を全体にオフセットするように下がります。熱伝導が期待できない時、例えば接地面が樹脂で熱伝導が小さい場合など、このふく射伝熱技術を使うとよいでしょう。

5.3 ブラケットによる放熱

車両にECUを取り付ける場合、ボディの板金部に直接ネジ締結できない場合は、ブラケットを用いて取り付けます。このブラケットは主に金属製であるため、放熱部材として利用を考えるべきでしょう。この場合、ECUの熱は、ブラケットへ熱伝導で伝わり、車両のボディへ到達します。

熱伝導による伝熱量＝(断面積×熱伝導率×ΔT)/長さ　　……(1)

ですので、この伝熱量を増やすには、

・ブラケットを熱伝導率の高い材質にする
・ブラケットの断面積を増やす
・ブラケットを短くする

以上３点が主な考え方となりますが、ほかにも以下の要素を考慮し熱抵抗を抑える必要があります。

・接触部の面積を増やす
・各所の接触熱抵抗を減らす
・走行風がよく当たるようにブラケットの表面積を大きくする

などの設計が有効になります。**図5–2**は、ECUと車両に取り付けるブラケットの温度コンタ図で、ブラケットの長短で比較したものになります。ブラケット

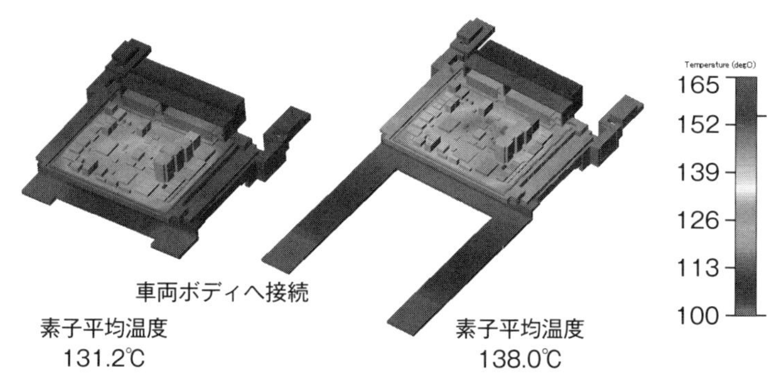

図5–2　放熱はブラケットを介して車両ボディへ

内を熱伝導で移動する有効な伝熱距離は、数10 mm程度です。短くして、放熱しやすいシャーシに取り付けるようにすると伝熱の促進が期待できます。この放熱効果の確認は、ECUの発熱量やブラケットの材料などによりますので、伝熱解析を利用して確認するとよいでしょう。

5.4　搭載条件

ECUの環境温度は、搭載条件の影響を受けることになります。以下は、高温環境に搭載された場合の注意点となります。

・高温部品の近くに置かない

前項で放射率向上の放熱促進について紹介しましたが、このような高温の部品が近傍に存在する場合、きょう体の放射率が高いと反対に熱をもらうよう伝熱してしまいますので、放射率の低い素地のままのほうがよいという場合があります。

・車両の金属ボディへの直接搭載

ECUは走行風の流れの当たる場所に搭載されると温度が一気に下がりますので、風通しが良い空間に設置してもらうのがよいでしょう。車両のボディは、熱容量が大きいため温度が安定しており、ECUを直接、車両ボディに搭載すれば、大きな放熱効果が期待できます。

・ECUの放熱しやすい向きで搭載する

暖められた空気は、上方へ移動します。ECUの向きは、重力方向で放熱促進状態が変化するため、きょう体の形状は、対流熱伝達を阻害しないように設置するとよいでしょう。

これらは、OEM先に構想段階から、考慮してもらう必要があり、早期の提案が不可欠です。しかしながら、OEM先の理解が得られれば、非常に有効でコストのかからない伝熱対策なので、ぜひ解析を利用したフロントローディングにより提案してみてください。

5.5　放熱材

話は少し戻り、基板からきょう体への放熱方法について説明します。ECUの放熱は発熱源である素子から、ECUのきょう体を介して、外気や搭載環境に放熱していきます。その経路は主に2つあり、1つめは素子→基板→空気→きょう体→環境、2つめは、素子→空気→きょう体→環境の伝熱経路です。空気の熱伝導率が0.03 W/(m･K) 程度しかありません。この空隙が数10 mmだと放熱量が著しく低下し、この経路での伝熱量は非常に少なくなります。この空隙をおよそ数mm程度以下に狭めると放熱効果がでてきます。これは空気層が薄くなり、熱抵抗の減少が優位になり、放熱しやすくなるためです。この際、この空隙の隙間を熱伝導率の高い放熱材で埋めることで、さらに放熱性を向上できます。

このように、基板や搭載素子の高温部からきょう体へ熱的に接続し、放熱させる材料をTIM（Thermal interface material）といい、発熱対策の中核をなす放熱材です。TIMの代表的なものとして、サーマルグリース、熱伝導シート、PCM（相変化材料）、サーマルゲル、高熱伝導接着剤、サーマルテープなどの部材が多く提供されております。

素子やプリント基板に圧縮荷重をかけた場合に、適度な応力となるように軟らかい放熱材を隙間へ使用します。サーマルグリースやゲルは熱抵抗が小さく、パワーデバイスなどの取り付けによく使用されますが、塗布工程に設備費用が掛かる、材料が動かないようにアンカー効果が期待できる固定が必要、長期使用で一部の成分が漏れ出すポンプアウト（またはオイルブリード）の可能性がある、などの課題があります。

素子やプリント基板ときょう体との間に挟み込むように挿入し、高温部ときょう体を熱的に接続します。放熱材の熱伝導率はせいぜい1～10 W/(m･K) 程度以下です。ですが、空気の熱伝導率が常温でおよそ0.03 W/(m･K) 程度であることを考えると、その差は100倍近くあることになります。発熱量や放熱構造にもよりますが、半導体の温度は10～30℃程度低くなります。特に局所的に発熱するような半導体の放熱設計をするとき、部品同士が接触する熱抵抗を低くすることが大事だとわかる瞬間であります。これは本当に助かります。

放熱材の効果は、

(1)　放熱材の熱伝導率を上げる

(2)　放熱材の塗布面積は被着体の接触面積を大きくできるよう、最適設計する

(3)　放熱材をプリント基板へバランスよく設置できるよう素子配置を最適にする

(4)　伝熱経路の基板（素子）ときょう体間のクリアランスを小さく（空隙を狭く）する

といった着目点で放熱効果を検証していき、放熱経路に合致する放熱材料を選択します。以下、材料の特性について特徴を説明します。

①　サーマルグリース

液状になっており、自動装置で塗布でき、熱抵抗が低いのが特徴です。可塑剤としてオイルを配合しているので、可塑剤が分離して液体がしみだしてくるオイルブリードが発生することがあります。高温・低温を繰り返す熱衝撃がかかった場合、収縮及び熱膨張が発生するため、隙間から押し出され、流出するポンプアウトの現象があります。

②　放熱ゲル（ギャップフィラー）

図 5-1 で示したように、放熱ゲルはきょう体とプリント基板の空隙を埋めるために利用します。メリットは、液状のため自動装置で塗布でき、塗布位置や塗布量の設定に自由度があります。製品の複雑な形状にも対応でき汎用性が高く、塗布量の増減によりコスト管理がしやすくなります。ただし、ゲルが塗布位置からずれることがありますので、きょう体側にアンカー効果になるよう表面形状の工夫が必要です。

③　熱伝導シート（放熱パッド）

ベースとなる樹脂材にセラミックや金属などのフィラーを含有し、熱伝導率を高くしたもので、絶縁性に優れています。シート状のため、きょう体や半導体パッケージなどの表面の密着性は、一般的にグリースやゲルと比較すると劣

ります。また、シートへの押しつけ圧力で接触熱抵抗は下がりますが、ある程度のシート厚みがある分、熱抵抗が高くなってしまい、総合した熱抵抗は高くなるため、シートの熱伝導率だけで決めないようにしましょう。

④　熱伝導性接着剤

この接着剤は、薄い層で接着できるため、熱抵抗を低く抑えた固定ができます。ただし、接続するそれぞれの被着体の線膨張係数が異なるため、温度変化に起因して発生する熱応力やひずみによって、接着剤のせん断や剥離が生じやすくなりやすいので注意しましょう。

⑤　相変化材料（PCM）

常温で設置する場合は、熱伝導シートと同様なため、ハンドリングが良いです。高温になった場合には、熱で材料が軟化することで被着体に密着し、熱抵抗を低減することができます。しかし、使用温度の範囲が数10℃程度ですので、車載する際には場所を選ぶ必要があります。

⑥　熱伝導テープ

基材があり、熱抵抗が高いのが特徴です。電気絶縁性を有するものがありますが、熱伝導率が高くなく、耐熱性は限定的です。

[参考文献]

1）国峯 尚樹 監修「最新熱設計手法と放熱対策技術」シーエムシー出版（2018 年 9 月）

第6章

接触熱抵抗

6.1　伝熱を妨げる接触熱抵抗とは

ECU などの電子機器の放熱手段として、プリント基板に実装された電子部品の発熱を、きょう体を介して ECU を支持するブラケットや自動車ボディ、そして空気へと放熱する技術を前章で述べました。しかし、これらの部品を接続する箇所は金属同士が多く、ねじで締めた場合、密着できず、少しばかり空隙が生じます。このような熱抵抗となる部分を接触熱抵抗といいます。

3D を作成する場合、理想通りの寸法で書かれた 3D は当然のごとく、対向しあう面がピタッと接触します。このまま伝熱解析モデルにすると、モデル上の放熱性能がすこぶる良い方向になって、実際の設計の安全率が下がってしまうのではと心配になります。これは伝熱の知識がないエンジニアでも、感づくものです。接触熱抵抗値はいくらなのだろうかと、なんとなく知りたくなってくるエンジニアも出てくるわけです。

信頼性の観点から見てみましょう。一般的な品質保証の温度上限は、プリント基板では 130 ℃前後で、半導体は 150 ℃前後の部品が多いです。パソコンやテレビなどの家電製品は、室内温度約 25℃で使用されるため、プリント基板で約 100 ℃、半導体で約 120 ℃の温度余裕度があります。一方で、前述のように自動車のエンジンルーム温度は約 100 ℃であるため、余裕が非常に少ないです。製品寿命などの信頼性を損なわないために、温度上昇を低減する必要があります。ECU の放熱形態として、きょう体からのふく射伝熱、空気への対流熱伝達、部品間の熱伝導が挙げられます。風による対流熱伝達は効果的ですが、その測定誤差が数十パーセントあるため、企業間の要求仕様として盛り込みにくいのが実情です。ふく射伝熱による放熱ももちろん期待できますが、きょう体を黒色化するのもコストがかかるため、熱伝導による放熱技術がミソとなります。

6.2 伝熱シミュレーション実施時の接触熱抵抗の課題

やはり、そうなりますと接触熱抵抗が気になります。少しでも接触状態を良くして、放熱性を向上するため、各部品の接触面にある熱抵抗について、熱引きを妨げる要因を特定したいところです。ECU の接触熱抵抗が存在する位置は**図 6–1** に示すように、素子と基板（はんだなど）、きょう体と基板（接着剤、固定ねじなど）、上下きょう体間（シール剤、締付トルクなど）、ブラケットと ECU（締付トルク）などです。

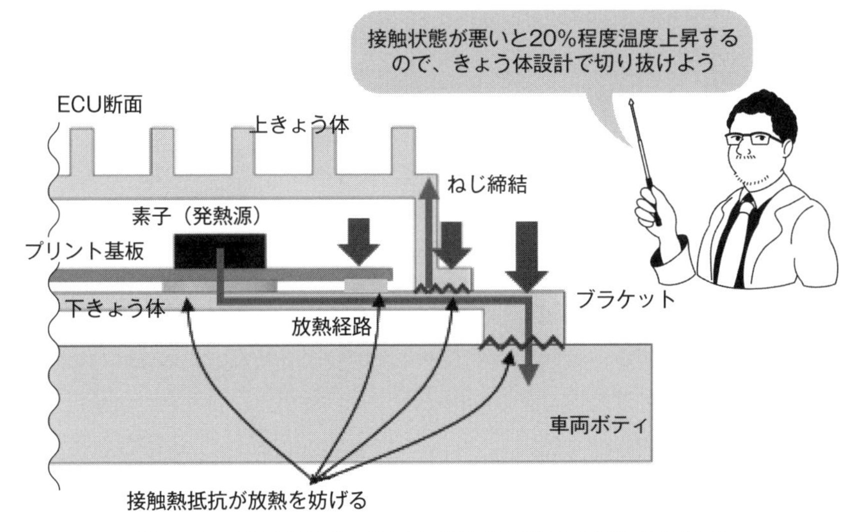

図 6–1　ECU の放熱に対する接触熱抵抗の主要な発生位置

ここでは、特に放熱性能への影響が大きいきょう体と、ブラケット部間の接触熱抵抗について考えていきます。**図 6–2**（a）のようなきょう体で伝熱シミュレーションを行う場合、きょう体とブラケット部間に接触熱抵抗がない理想の接触として設定することが一般的です。本来ならばスポット溶接部以外は空隙ができ、接触熱抵抗が存在しますが、図 6–2（b）のように 2 つの部品間に接触熱抵抗が存在しないと理想接触して扱いがちです。

（a）きょう体とブラケットの接続

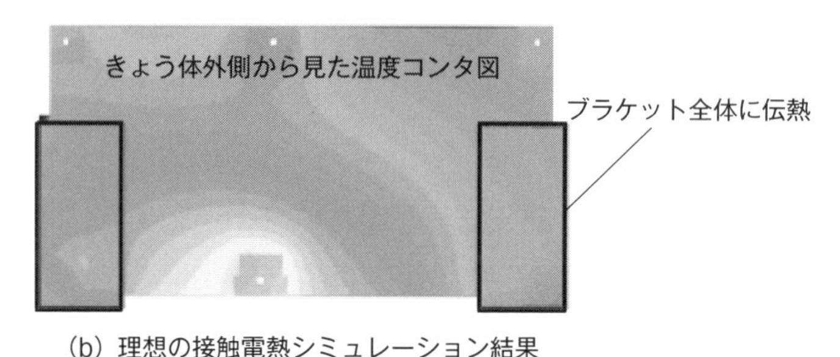

（b）理想の接触電熱シミュレーション結果

図 6–2　伝熱シミュレーションにおける課題例

式(1)を導入して接触熱抵抗を入力すれば、正しく伝熱シミュレーションができ、課題は解決するかというとそううまくはいきません。この式には、製造上のうねりや、組付け上のひずみの因子が加味されていないため、実態とはまだ乖離があり、温度を低く算出してしまうことになります。

6.3　既存の接触熱抵抗に関する技術例

接触熱抵抗の予測式は1950年代～1960年代にかけて橘・佐野川らにより研究され、提案されました。この式において、接触熱抵抗に影響を与える因子として金属表面の粗さや接触圧力などが挙げられています[1),2)]。今日まで、接触熱抵抗の代表的な予測式として、広く使用されています。しかし、**図 6–3** に示すように、金属表面のうねりや面粗度により接触面積が変わるため、金属表面

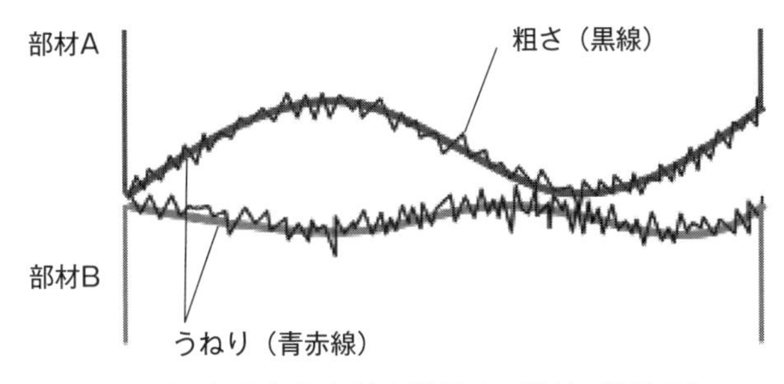

図 6-3　粗さとうねりを伴う面の接触（概念図）

図 6-4　円柱試験片の接触熱抵抗測定系（ASTM D5470）

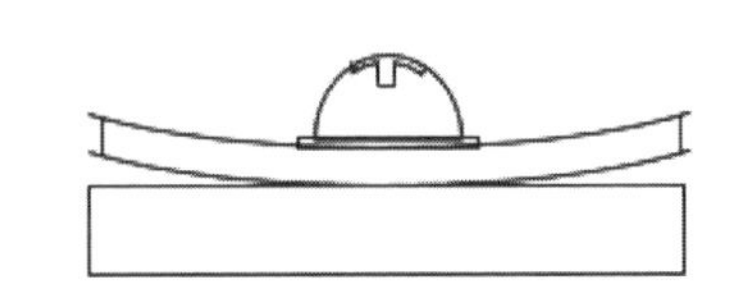

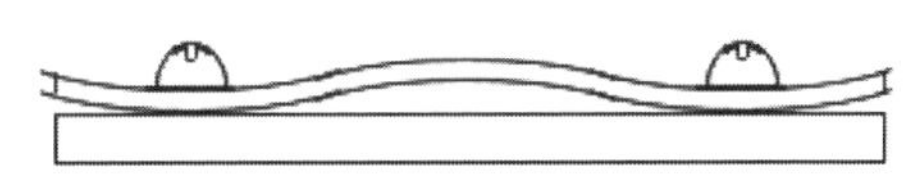

図 6-5　ねじ締結による組付けに伴うひずみの発生

のうねりが接触熱抵抗に与える影響は大きいものの、熱引きに及ぼすうねりの影響を把握することは未解明です[2)]。

また、多くの研究で用いられる測定系は、**図 6-4** の ASTM D5470[3)] に代表されるような、粗さのみを有する円柱同士の接触熱抵抗を評価するものです。これに対し、実際の電子機器は、**図 6-5** のような 2 つの平面をねじ締結するので、組付けによるひずみが発生し、接触熱抵抗に及ぼすうねりの影響が大きくなります。2 つの平面をねじ締結する際には、製造過程において発生するうねり以外に、締結により発生する応力で、平板が弾性変形・塑性変形したひずみが付加されます。電子機器のきょう体において、複数の箇所をねじ締結することが一般的であり、２点以上のねじ間で発生するひずみを考慮した設計が必要です。

6.4 接触熱抵抗の概念

接触熱抵抗値を算出するための代表的な式として、橘・佐野川の式(1)を紹介します。

$$\alpha_c = \frac{1}{\gamma_c}$$

$$= \frac{1}{\dfrac{\delta_A + 23\times10^{-6}}{\lambda_A} + \dfrac{\delta_B + 23\times10^{-6}}{\lambda_B}} \cdot \frac{p_m}{H_{min}} + \frac{\lambda_f}{\delta_A + \delta_B}\left(1 - \frac{p_m}{H_{min}}\right) \cdots\cdots (1)$$

H_{min}：柔らかい方の固体側のブリネルあるいはビッカース硬さ［kgf/mm^2］
p_m：平均接触圧力［MPa］
α_c：接触熱コンダクタンス［$W/(m^2 \cdot K)$］
γ_c：接触熱抵抗［$(m^2 \cdot K)/W$］
λ_A、λ_B：接触固体の熱伝導率［$W/(m \cdot K)$］
λ_f：空気などの介在物質の熱伝導率［$W/(m \cdot K)$］
δ_A、δ_B：粗さの最大高さ［m］

式(1)は二つの金属面の接触熱抵抗を計算するものです。接触熱抵抗に影響する因子として、接触面のうねり、表面粗さ、押し付け圧力、酸化状態、接触する各固体の硬さと熱伝導率、接触面間に介在する物質の熱伝導率があります。ただし、接触面のうねりにおいての因子に関しては、式(1)には含まれていません。

図6-6は、ある１つのECU金属きょう体の接触面の状態です。粗さを比較して大きなうねりを持っていることがわかります。うねりや粗さは製造過程で生じますが、その大きさは予測困難です。

接触熱抵抗を低減するため、面と面を隙間なく接触させたいですが、**図6-7**

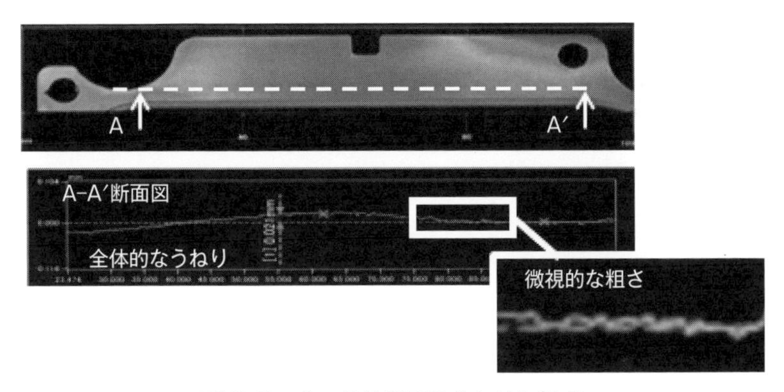

図 6–6　きょう体表面のうねりと粗さ

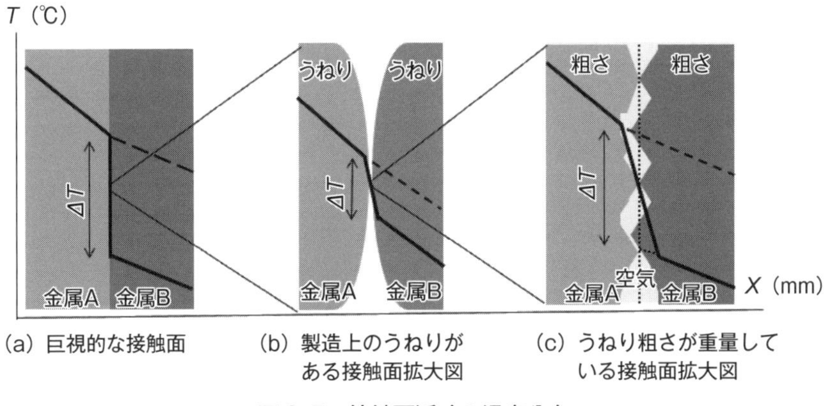

図 6–7　接触面近くの温度分布

のように実際は粗さに基づく不連続な点で接触しています。ECU きょう体同士の組付け面などは可能な限り平面を確保するよう設計していますが、溶融、切削、プレス加工などいずれの加工方法でも微視的にみれば、うねりや表面粗さはなくなりません。加えて熱による反り、組付けによるずれや傾きが生じることがあります。

その結果、接触部は見掛け上の接触面積と比較して真実接触面積は少ないのです。熱伝導率の異なる金属 A、B が接触し、縦軸を温度 T ℃、横軸を距離 x mm としたグラフの場合、マクロにみると、接触面に温度差 ΔT が発生します。従って、一部の熱は微少な接触部を縮小・拡大して流れ、残りは空隙部を流れることになります。

6.5 取り付けのひずみによって生じる応力の解析

では、取り付けひずみがどのように発生して接触状態が悪化するのか知りたいところです。まず、**図 6-8** に示す簡単なモデルに基づく応力解析を説明します。幅 90 mm × 奥行 9 mm × 高さ 5 mm、M6 ボルト相当、荷重 $2F$ のアルミ板および同じ寸法を有する銅板を対象に応力解析を行いました。**図 6-9** の応力解析の結果を見ると、圧力測定用のフィルムを用いた測定結果と同様に、荷重印加箇所近傍にのみ応力が発生し、その他の領域の応力はほぼ 0 になっています。

図 6-10 は、印加荷重に応じてアルミ板の中央部が荷重と反対方向に変形し、

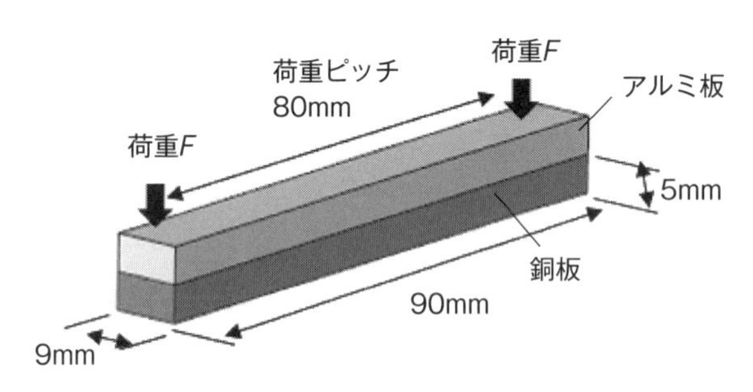

図 6-8　応力解析のモデル

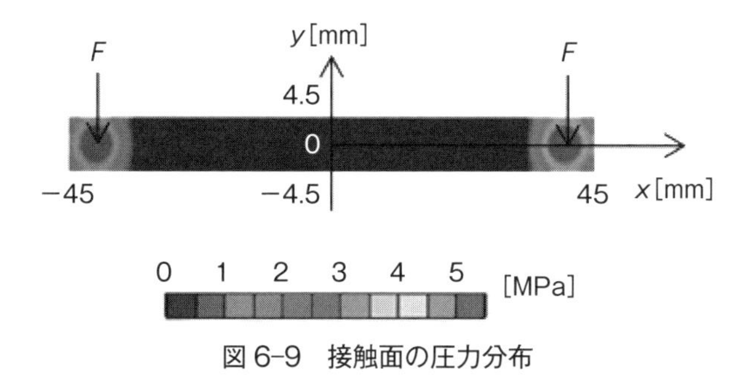

図 6-9　接触面の圧力分布

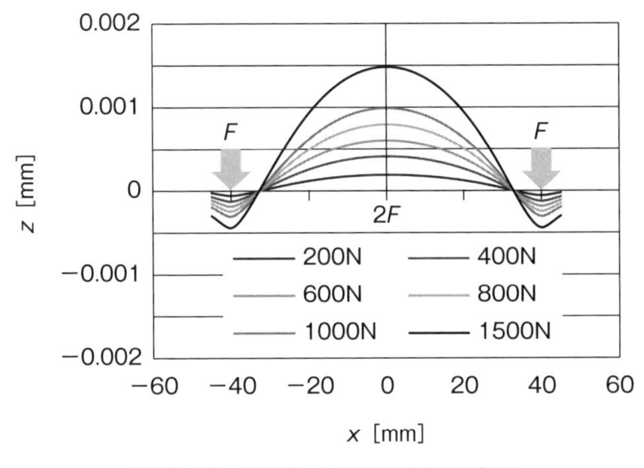

図 6-10　荷重によるアルミ板の変形

下部に設置した銅板と接触していないことを裏付ける結果が得られた図になります。このように、実際の製品をねじ締結する際には、ひずみによって局所的に接触面積が変化し、接触面全体でみると接触熱抵抗に分布が生じることになります。

6.6　ねじ締結による圧力分布の可視化

では実際に、ECUのきょう体ではどうなっているのかを観察してみましょう。今回は、**図 6-11** に示すように 4 か所をねじで締結したエンジン ECU を用いて確認を実施しました。きょう体裏面と設置面との間の圧力分布を圧力測定用のフィルム[4]で可視化すると、**図 6-12** の結果となります。圧力が印加された部分はそのフィルムが赤色（図 6-12 では黒っぽくなっている部分）になります。赤色部はねじ周辺に限定され、きょう体全面が放熱に活用されていないことがわかります。この理由として、図 6-5（b）で示したように、ねじ締結によってきょう体が荷重と反対方向に反ってうねりが発生し、実際は接触しないためと考えられます。

図6-11　エンジンECUの外観

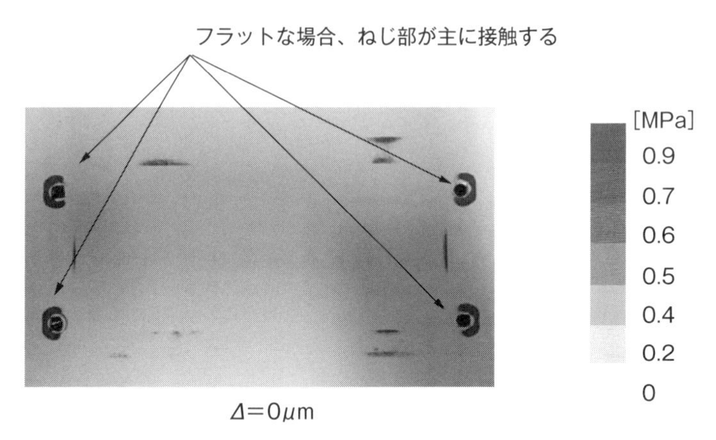

図6-12　圧力測定用のフィルムによる圧力分布の可視化結果

6.7 うねりを利用した接触熱抵抗の低減

ねじ締結によって取り付けひずみが発生し、接触熱抵抗が増大することがわかりました。そこで、接触熱抵抗の低減可能な方法を紹介します。部品同士の接触面には、前項で説明したTIMのような熱伝導性の高い柔軟性を持つ材質を挟むのが一般的です。しかしながら、放熱材の組付けはシート材にしろ、ゲル材にしろ、大型な設備を導入し、電子機器製造におけるコストアップや、タクトタイムおよびメンテナンスなどが増加します。また、これらの熱伝導性材料を使用した対策では、部品点数が増え、品質管理の増加に繋がります。そこ

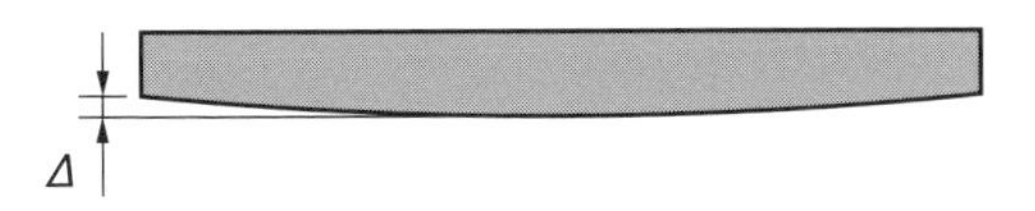

図 6–13　アルミ板接触面の円弧形状

図 6–14　うねり有無による銅板との間の接触面積の広がり

で、きょう体の形状を工夫することで空隙の低減を試みた例を紹介します。

図 6–13 に示すように、図 6–8 のアルミ板を下に凸の円弧形状として人為的に設計したうねりを与えてみます。そして、接触面積の広がりに基づく接触熱抵抗の低減を実験的に確認してみます。

うねり高さ $\varLambda = 0\ \mu\text{m}$ と $\varDelta = 1000\ \mu\text{m}$ の 2 つのアルミ板に、印加荷重 $2F = 1\ \text{kN}$ を与えた場合の、圧力測定用のフィルムによる接触状態の可視化結果を **図 6–14** に示します。うねり高さ $\varDelta = 1000\ \mu\text{m}$ の場合は、印加荷重の増加に伴ってアルミ板が弾性変形し、密着していることが確認でき、放熱の促進が可能です。図 6–11 で利用したきょう体のフラット部分に 1000 μm のうねりを付加した圧力分布が **図 6–15** になります。一例になりますが、このうねりの設計追加で放熱性能は 20 %以上放熱性能が向上しました。[5] うねりを意図的に設計した円弧は、金型設計の範疇になり、従来の製品に対して部品を追加する必要がないため、低コストでの実現できるのです。接触熱抵抗を低減し、放熱性能を向上する技術は、通常の設計にひと手間を加えるだけで、余分なコストがかからないことがポイントです。

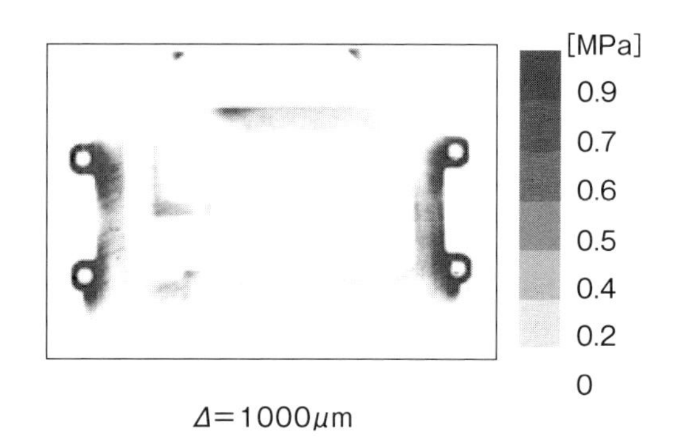

図 6-15　設計でうねりを付加したきょう体の設置状態

[参考文献]

1）橘 藤雄，“接触面の熱抵抗に関する研究”，日本機械学会誌，55-397（1952），102-107.
2）佐野川 好母，“金属接触面における伝熱に関する研究（第 4 報，接触面の表面粗さの形状・うねりの影響と接触熱抵抗の近似計算法）”，日本機械学会論文集（第 2 部），33-251（1967），1131-1137.
3）ASTM, Standard Test Method for Thermal Transmission Properties of Thermally Conductive Electrical Insulation Materials, D5470-17.
4）富士フイルム、圧力測定フィルム　プレスケール　https://www.fujifilm.com/jp/ja/business/inspection/measurementfilm/prescalemeasurement-film/prescale
5）篠田 卓也，安井 龍太，“ボルト締結された平板間の接触熱抵抗に関する研究”，日本伝熱学会誌，29 巻（2021），23-32.

第7章

温度測定の技術

伝熱設計において、しばしば議論されるのが伝熱解析の精度です。「伝熱解析の精度はどの程度ですか？」との質問に答えるためには、まず真値とは何かを把握しなければなりません。自動車業界では、実験結果が重要視されているのが一般的で、たった１度きりの測定であっても、得られた数値が正しいとする考えを持つ人が意外に多いのではないでしょうか？　しかしながら、温度測定の実験は非常に難しく、正しく測定、考察しなければ、大きな誤差を含んだものとなってしまいます。

本章では、温度測定に関する測定誤差について解説し、どのような方法で測定すれば誤差を低減できるかを説明していきます。

7.1　温度測定のポイント

温度測定では、熱電対による誤差が意外に大きいです。誤差を最小限に抑える“配慮”が測定精度を左右します。注意すべきポイントは大きく３つあります。

(1)　熱電対の許容差や計測器の公差など装置類の影響

熱電対は種類やクラスにより許容差（誤差）が異なります。装置のスペックによりますが、計測器の誤差は±0.5～1.5℃程度はあると認識しておきましょう。

(2)　熱電対が対象物に正しく取り付けられていない人的な誤差

物体の表面温度を測定するためにテープや接着剤を用いて熱電対を貼り付ける場合、測定対象への接触不良によって温度が低く測定されることがあります。熱電対は２種類の金属（素線）の接点部分で温度を測定します。素線のむき出しが短いと、一見対象物に貼り付いているように見えても、接触しているのは外側被覆や内側被覆のみで素線温接点自体は浮いているということがあります。特に、恒温槽を利用して高温で測定する場合、時間の経過や対象物の発熱によってテープの粘性が低下して素線が外れやすいため、注意が必要です。

(3) 熱電対の取り付けによる対象物の温度低下の把握不足など

前述したように、熱電対の素線は金属製であり、高温の測定対象に取り付けると熱電対を通じて放熱する結果、測定対象の温度が低下して、誤差を生じることになります。特にチップ抵抗などの小さな部品の温度を測定する際は、相対的に熱電対の放熱性能が大きくなり、部品の温度低下が顕著に表れます。熱電対を介した放熱は、素線径、型式や、熱電対を設置した位置などの因子が考えられます。熱電対にはJIS規格（C1602：2015）、温度測定方法通則（Z8710–1993）があります。車両関係でよく利用される型式は、「T型」と「K型」です。構成材料と素線として、T型は＋側導体に銅、－側導体に銅およびニッケルを主とした合金（コンスタンタン、銅ニッケル合金）を用います。「K型」は＋側導体にニッケルおよびクロムを主とした合金（クロメル）と、－側導体にニッケルおよびアルミニウムを主とした合金（アルメル）を採用しています。特に熱伝導率の高いT型は放熱しやすいことが特徴です。これらのポイントを参考に、実験上の誤差に対する配慮として、適切なマージンを確保することになります。では、測定の詳細に入っていきましょう。

7.2 温度測定の方法

温度測定の方法を大別すると、非接触型と接触型に分類することができます。代表的な測定方法を以下に示します。

7.2.1 非接触型

① サーモグラフィ

測定対象が発する電磁波（赤外線）を読み取り、温度分布を色分けして認識しやすくするものです。価格はおよそ測定画素数に比例し、数万円から数百万円台と大きな違いがあります。サーモグラフィを選定する際に注意すべき重要なポイントは、測定対象物のサイズに対して、最小焦点距離および画素数と視野角が足りているかです。例えば、**表7-1**のようなスペックのサーモグラフィで、100 mm×150 mmの基板温度を確認しようとすると、**図7-1**のように画素数が不足していることがわかります。100 mm×150 mmを80×60ピクセルで分割して、1.25 mm×2.5 mmと考えがちですが、最小焦点距離と視野角を考慮すると、チップ部品はもちろんのこと、TO252サイズのMOSFETすら温度確認が困難です。

表7-1　サーモグラフィのスペックの例

最小焦点距離	0.5 m
画素数	80×60ピクセル
視野角	45°×34°

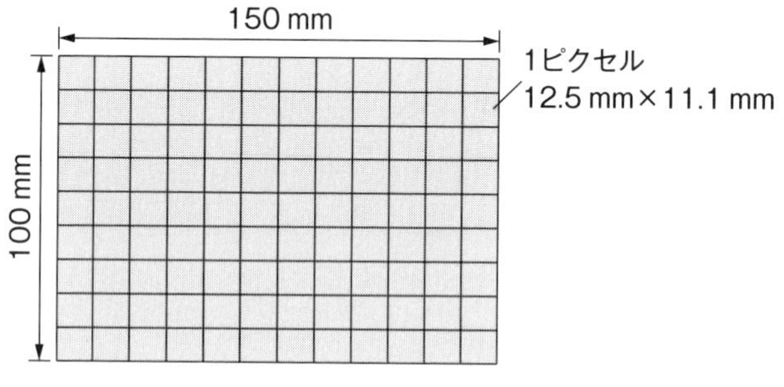

図7-1　サーモグラフィのピクセル画面構成例

選定の目安としては、測定対象素子が最低限4分割できるサイズ、すなわち、3216サイズのチップ抵抗の温度を確認するならば、1ピクセルが1.6 mm×0.8 mm以下になるようなサーモグラフィを選びましょう。

サーモグラフィの測定誤差は、機器のスペック誤差の他に、測定時の放射率設定による誤差があります。**図7-2**は、同一の測定対象をサーモグラフィで測定したものですが、両者の測定値は大きく異なることがわかります。図7-2左は何も処理をしていない基板、図7-2右は黒色に塗装をした基板です（上図、下図とも）。本来、MOSFETのスプレッダ部は高温になるはずですが、図7-2

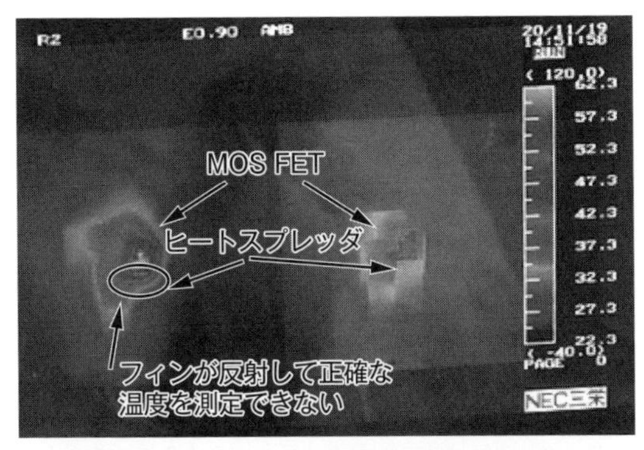

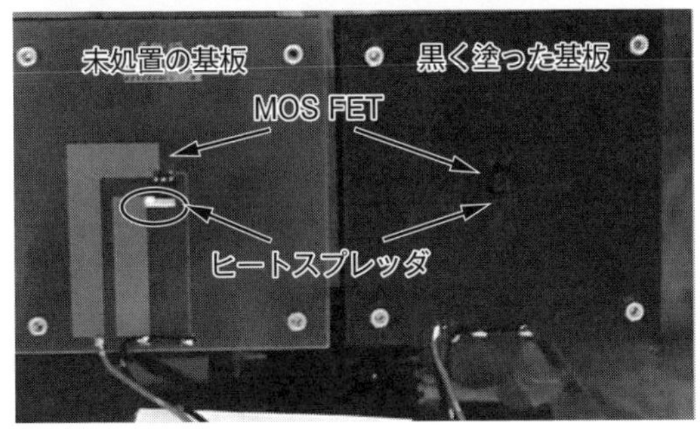

図 7–2　実装した基板の塗装有無でのサーモグラフィ画像

右では黒くなっている部分が多く表示されていて、温度が低いことがわかります。大多数のサーモグラフィは、放射率補正機能を持っており、撮影している物体のふく射伝熱率がいくつなのか、ユーザー側が指定します。しかし、基板上には、ふく射伝熱率の高い樹脂部分もあれば、ふく射伝熱率の低い鏡面の金属部分もあります。図 7–2 は放射率 0.98 と設定して撮影しているため、スプレッダ部の放射率約 0.1 とは大幅な乖離があり、間違った低い値が表示されたということです。

本来、高温である箇所が低温と判断されることは、品質問題を引き起こす原因になるため、確実に防止しなければいけません。そこで、放射率が予めわかっている塗料で基板全体を一色に塗る方法が一般的です。なお、プリント基板に例えば黒色塗料を塗布すると、放熱が促進され、基板温度が低下することもありますので、注意が必要です。

②　ふく射伝熱温度計

サーモグラフィと同様の原理で温度を測定します。異なる点は、サーモグラフィは温度分布を画像で可視化するのに対して、ふく射伝熱温度計はある一箇所の温度を測定し、数値データで表示するところです。ふく射伝熱温度計は新型コロナウィルスの感染拡大で人の表面温度を簡易的に測定するニーズがあり、よく目にするようになりました。実感されていると思いますが、非接触で測定でき、応答速度が速いのが特徴です。ふく射伝熱温度計を使用する場合も、放射率の設定にはサーモグラフィ同様の注意が必要です。

7.2.2　接触型

①　熱電対

熱電対は、異なる材質の金属を接触させると、接触部と他端との温度差に応じて電圧が発生するゼーベック効果を利用した温度センサです。測定対象に取り付ける側の先端を温接点、計測器に取り付ける側の先端を冷接点と呼びます。

熱電対は**表7-2**のような種類に分類されています。電子機器の温度測定には、測定温度範囲の観点から、銅とコンスタンタンからなるT型熱電対やクロメルとアルメルからなるK型熱電対が適しています。熱電対の許容差はクラス1、2、3に分類され、JIS規格内に定義されています。この他に、熱電対での温度測定の誤差は、このような熱電対自身が持つ許容差、データロガーなど計測機の測定精度、そしてこのあと解説する取り付けの誤差が含まれます。

次に熱電対の取り付け誤差についてです。大きく3つの要因に分けることができます。1つは、先端の接触状態による誤差です。例えば、**図7-3**のように被覆が厚い熱電対を使用する場合、被覆が邪魔をして先端が測定対象にしっかりと接触しない場合があります。これではもちろん正しい温度が測定できません。例えば、体温計を自分の脇に入れて温度測定した場合、あまりに低温だとしっかりと接触していないとして再測定すると思います。このようなことは熱電対でも当てはまります。

ただ、熱電対が測定対象に接触していればよいのかというと、そうではあり

表 7-2　JIS 規格の熱電対の種類

型式	材質		測定温度範囲
	正極	負極	
B	白金ロジウム合金（ロジウム 30 %）	白金ロジウム合金（ロジウム 6 %）	0 ℃～1820 ℃
R	白金ロジウム合金（ロジウム 13 %）	白金	−50 ℃～1768.1 ℃
S	白金ロジウム合金（ロジウム 10 %）	白金	−50 ℃～1768.1 ℃
N	ナイクロシル	ナイシル	−270 ℃～1300 ℃
K	クロメル	アルメル	−270 ℃～1372 ℃
E	クロメル	コンスタンタン	−270 ℃～1000 ℃
J	鉄	コンスタンタン	−210 ℃～1200 ℃
T	銅	コンスタンタン	−270 ℃～400 ℃
C	タングステン・レニウム合金（レニウム 5 %）	タングステン・レニウム合金（レニウム 26 %）	0 ℃～2315 ℃

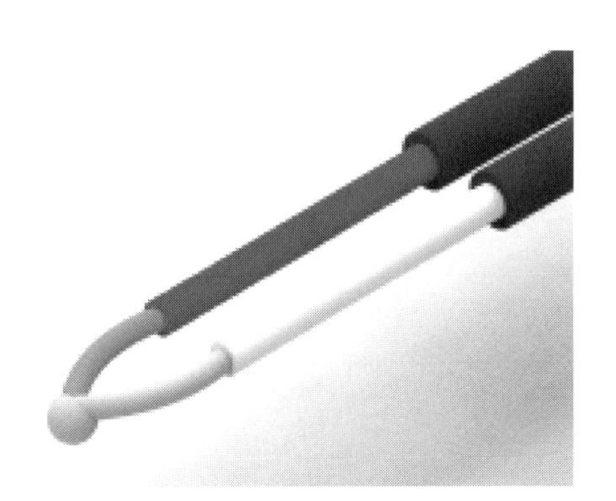

図 7-3　熱電対の先端温接点

ません。熱電対は、前述のように自身の先端の温度をセンシングしています。取り付けた測定対象の温度をセンシングしているわけではありません。例えば IC の表面に熱電対を取り付けた場合の誤差を 3 つほど考えてみましょう。

1 つめは、全て同じ測定を繰り返しする場合、同一の座標位置に貼り付けているつもりですが、**図 7-4** のようにチップの位置やモールド表面の端や中央で

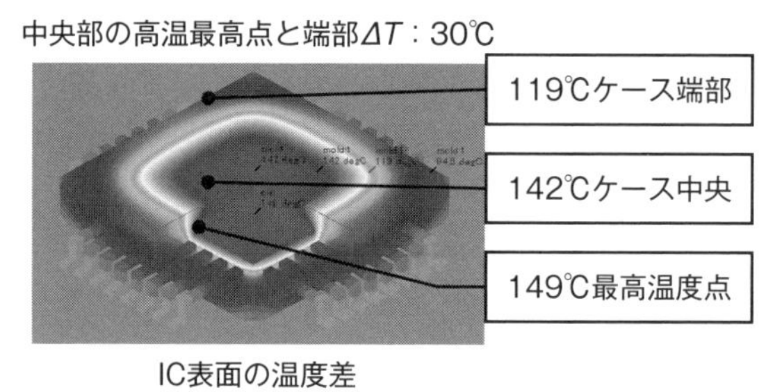

図 7-4　チップ素子と IC 表面の位置によって温度は異なる

温度の違いがあり、誤差要因となります。

2つめは、熱電対を貼り付ける際に生じます。その主原因として、測定対象と熱電対の間の接触熱抵抗、テープの放射率によるふく射伝熱量の相違が考えられます。またICの表面は動作により高温になりますが、周囲の空気温度はICに比較して低温になります。IC表面と熱電対の接触が不十分だと、**図 7-5** のように、低温の空気に影響を受けた温度を測定してしまいます。先端温接点は平たくして、空気への放熱の影響を受けにくくするとよいでしょう。

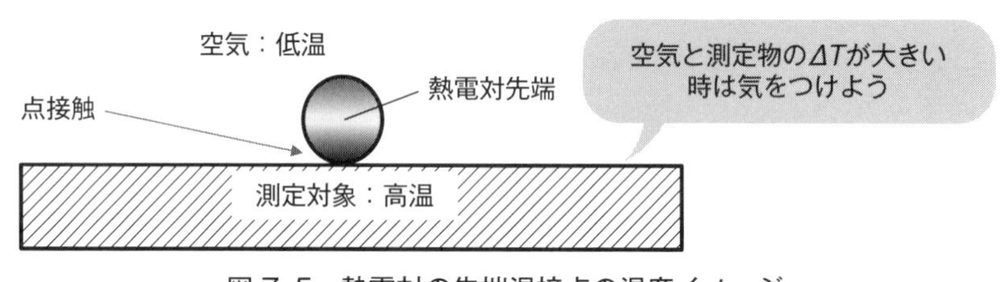

図 7-5　熱電対の先端温接点の温度イメージ

そこで、**図 7-6** のように熱伝導率の高い金属製のテープ（銅テープやアルミテープ）で貼り付けることで、対流熱伝達やふく射伝熱で放熱するものの、熱伝導により測定対象のICとテープの温度がほぼ一様になり、熱電対先端が高温のIC表面に埋め込まれているかのような効果を得ることができます。ただし、温度が平均化されて、ピーク温度は測定できませんので、気をつけてください。

熱電対を接着剤で硬化させて、測定物に密着させることで空隙はほとんど残

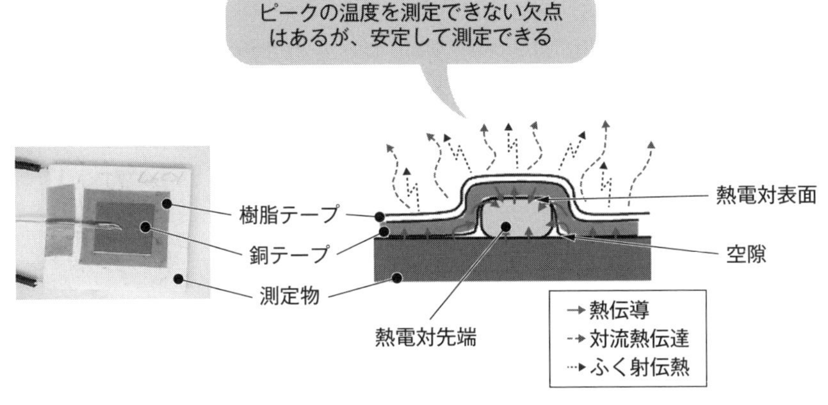

図 7-6 熱電対先端温接点の取り付け

らなくなり、適正な温度測定に有効です。その時の注意点として、熱電対の先端は外気の温度を測定しないようにするため、熱電対表面が露出しないようにします。接着剤への荷重について、測定物に押し付けた状態で接着硬化させると、測定温度は高くなる傾向になります。これは、ある程度以上の荷重で熱電対の温接点が測定物に直接接触して、接触熱抵抗が低くなるためです。ICのパッケージに大きい荷重をかける場合、ICが基板実装されているので、ICに強く熱電対を押し付けると、はんだ部やICそのものに機械的ストレスがかかります。あまり強く押し付けないように注意しながら一定の圧力で押さえるとよいでしょう。一方で、はんだで接続できる端子を測定するには、追いはんだで接続すればよいでしょう。

3つめの取り付け誤差は、熱電対による放熱や伝熱です。上記で説明した取付け方法に注意したうえで、温度計測した例を示します。**表 7-3** のように発熱量：1 W、環境温度：$T_a = 25$ ℃、試験水準を熱電対の固定方法、種類、素線径で比較した結果になります。誤差は最大で約 15 ℃（123.5 − 108.4 ℃）の差が見られます。

熱電対は金属線なので、測定対象に取り付けることで放熱フィンの役割を果たし、測定対象自体の温度を下げてしまいます。特にチップ抵抗に熱電対を取り付けると、**図 7-7** に示すように、熱電対を介した放熱を引き起こし、温度が

表7-3　熱電対での測定方法の比較

固定方法	銅テープ＋樹脂テープ				樹脂テープ	接着剤
熱電対種類	T型		K型			
線径［mm］	0.2	0.13	0.2	0.13	0.2	0.13
温度［℃］	108.4	112.1	119.7	122.0	112.1	123.5

最大15℃乖離（108.4と123.5）

取り付けた熱電対によっては、10℃程度温度を下げてしまうことがある

モールド中心部と電極ΔT：26℃

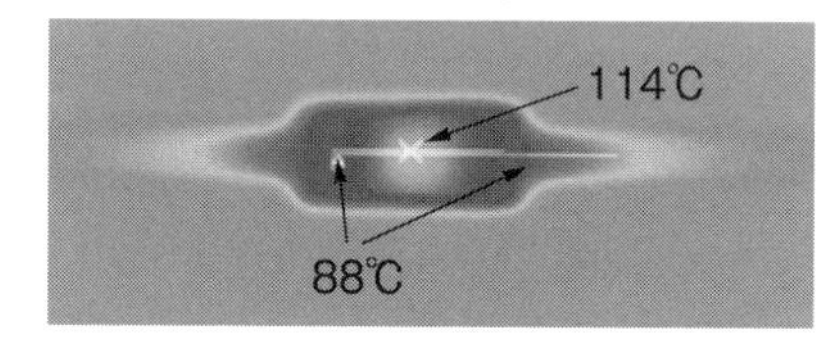

熱電対接続有無でのΔT：10℃

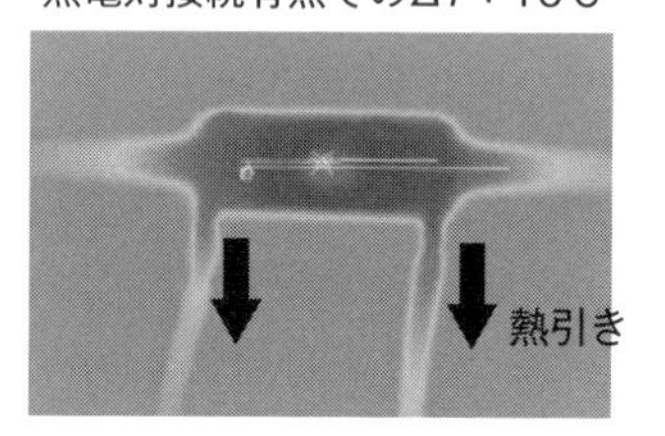

図7-7　チップ表面の温度差（左）と熱電対を介しての放熱（右）

約10℃低下します。熱電対の種類の違いについて比較してみましょう。T型熱電対は、銅とコンスタンタンで構成されており、熱伝導率はそれぞれ398 W/(m･K) と20 W/(m･K) 程度です。K型熱電対（クロメル、アルメル）の熱伝導率は、それぞれ14 W/(m･K) と30 W/(m･K) であるため、放熱量の大幅な低減が可能になります。ただし、K型熱電対にははんだが馴染みにくく、作業性が悪いという欠点があります。素線径は、細いほど放熱しにくくて作業性が良いメリットがありますが、コストは高くなるため、メリット・デメリットを検討して使用していきましょう。

このような温度が低く測定されることを防止するためには、**図7-8**に示すように、熱電対を取り付けたあとの引きまわしがポイントになります。伝熱量（放熱量）は高温側と低温側の温度差に比例し、距離に反比例します。つまり、温度差を小さくし、距離を長くすれば熱電対を介した放熱を小さくすることが

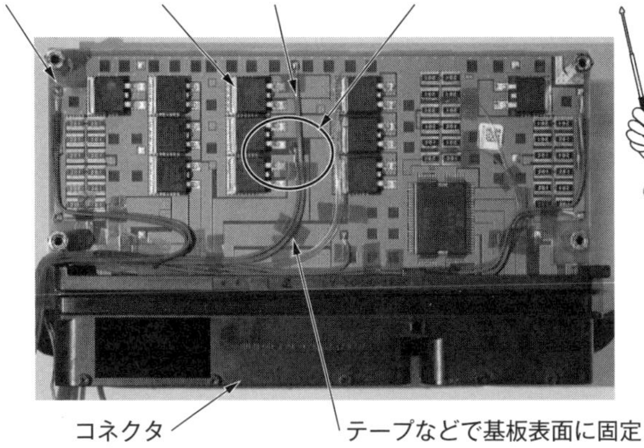

図 7-8　プリント基板上の熱電対引き回し例

可能です。そこで、熱電対は取り付け部から空気中にひきまわすのではなく、いったんプリント基板上の素子周囲の高温部を経由すると、熱電対からの放熱量が少なくなります。熱電対の測定温度は、熱電対を介した放熱だけでなく、熱電対へ近傍素子より伝熱がある点です。そのため、熱電対を引き回す際は、測定対象以外の高温素子に接触しないことも重要です。熱電対は基板に密着した状態でないと空気中へ放熱してしまうので注意しましょう。

7.3 ECU の温度判定基準

ECU が正常に作動するためには、IC や FET のジャンクション温度の保証温度範囲を満足する必要があります。半導体素子では熱抵抗が一般に使用されており、「θ_{jc}」「θ_{ja}」と呼称されます。JEITA 規格 EDR-7336 に「半導体製品におけるパッケージ熱特性ガイドライン」があります。パッケージ熱特性に関した定義やパラメータが規格化されています。θ_{jc} は半導体のジャンクションからケース（パッケージ）表面までの熱抵抗、θ_{ja}はジャンクションから周囲環境までの熱抵抗を表します。素子内部のジャンクション温度を直接測定することは困難です。技術者は実測した半導体の表面温度をもとにジャンクション温度を推定して設計する必要があり、あらかじめ設計マージンを大きく取って対処するよりほかありません。しかし現在の開発競争に勝ち残るためには、品質確保をしたうえで、設計マージンの最適化、開発プロセスの効率化が決定的に重要となります。そのためには、まずはジャンクション温度の算出方法がキーとなります。

図7-9は、ECUの温度測定のばらつき要因について、自己発熱部品と隣接した部品からの伝熱する部品と分け、一例としてまとめていますので、参考にしてください。

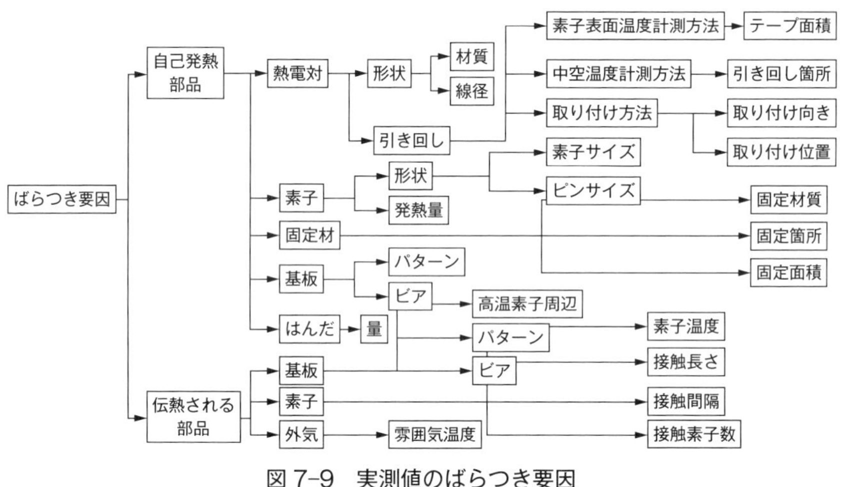

図7-9　実測値のばらつき要因

7.4 ジャンクション温度は熱電対で測定できない

前述したように、ECUに実装される半導体素子のような部品の寿命は、一般的に半導体チップのPチャネルとNチャネルの接合面の温度である「ジャンク

ション温度」(T_j)によって、デバイスメーカーが部品の寿命や特性を保証します。電子設計者は半導体デバイスメーカーが定める $T_{j\,max}$(絶対最大定格のジャンクション温度)を瞬間的にも超えないようにしなければなりません。ただし T_j は直接測定できず、メーカーが推奨する計算式で間接的に求める必要があります。T_j の計算方法を示します。

T_j＝ケース温度(T_c)＋温度上昇(ΔT_j) ……(1)

ΔT_j＝メーカーから提供される過渡伝熱抵抗(℃/W)×半導体チップの発熱量(W) ……(2)

まずはケース温度(T_c)、すなわちパッケージの温度を実際に測定する必要があります。ここで課題となるのは、T_c の位置は半導体デバイスメーカーによって定義が異なるという点です。半導体パッケージの温度測定に関する規格「JEDEC JESD51-1」[1)] においては、T_c の位置は「半導体素子の作動部から、チップ取り付け部に最も近いパッケージ(ケース)の外面」と規定されています。これに従えば、MOSFET の場合は熱を伝導・拡散するためにパッケージ内部に設けられたスプレッダの下面温度が T_c となります。しかし実際はメーカーごとに T_c の位置が異なり、スプレッダの露出部や樹脂モールド上部の印字面を T_c の位置としている場合があります(**図 7-10**)。この T_c の位置は一般に向け公表されていることが少なく、個別に問い合わせが必要です。さらに、基板に実装された半導体デバイスのスプレッダ下面温度を測定するには、基板に穴を空けて熱電対を挿入する必要があります。基板に穴を空ける際は、放熱経路が変化して実製品と T_c が変わってしまわないように注意が必要です。

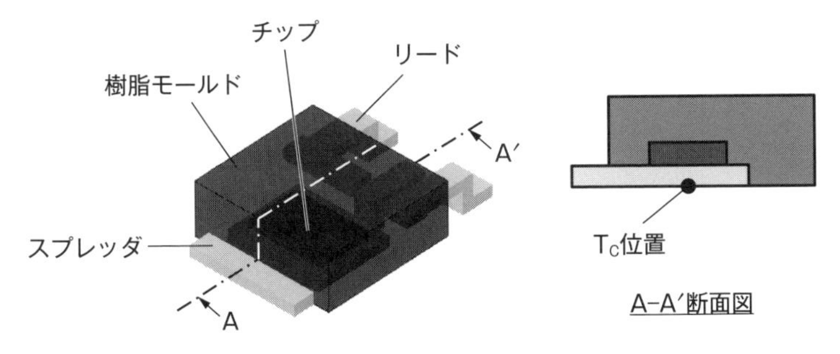

図 7-10 T_c の位置はメーカー毎に異なる

7.5 ΔT_j の算出の手間は大きい

次に式(2)を用いて、MOSFET 内部の半導体チップの温度上昇に当たる ΔT_j を求めます。まずは半導体チップの発熱量を算出するため、**図 7-11** のようにドレイン・ソース間の電圧 V_{DS} とドレイン電流 I_D を測定し、$V_{DS} \times I_D$、つまり**図 7-12** の示すような電力を求めます。

一方、半導体メーカーでは、半導体チップに単発パルスを加えた際の温度上昇を電力で割った熱抵抗値をパルス時間ごとにプロットした、**図 7-13** のような過渡伝熱抵抗グラフを公表しています。測定した電力波形のグラフと半導体

図 7-11　電流波形の測定風景

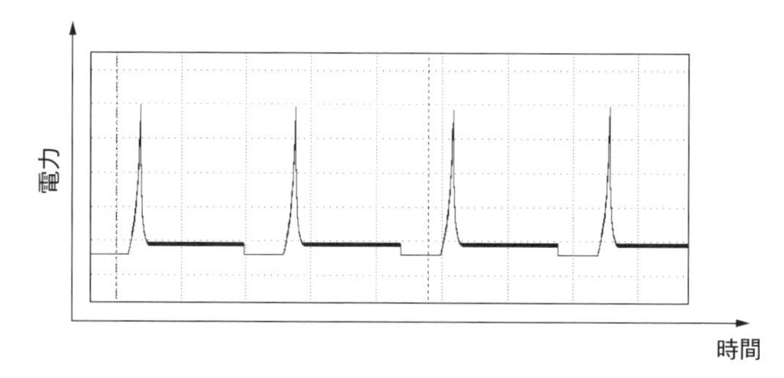

図 7-12　電力波形の測定結果

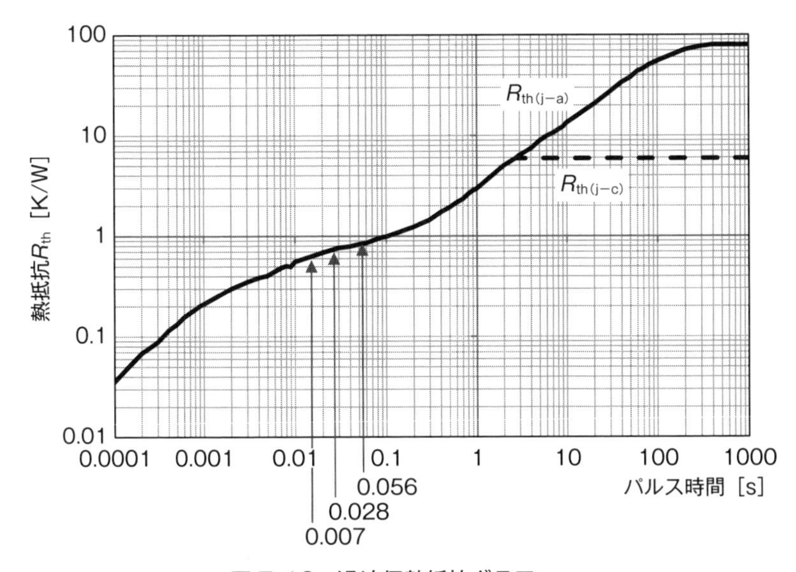

図 7-13　過渡伝熱抵抗グラフ

メーカーから提供される過渡伝熱抵抗グラフを利用して、**図 7-14** のように ΔT_j を算出します。電力波形を方形波で近似し、重ね合わせの理により発熱量を積分してグラフの面積を求めることで、ΔT_j が求められます。過渡伝熱抵抗グラフを利用した ΔT_j の求め方については、半導体メーカーのサイトに詳しく説明されていますので、参考文献 2）～4）を確認ください。

温度が上昇していく計算方法について、簡単な例題で電力 10 W が 10 ms 印加される場合を考えてみましょう。図 7-13 の過渡伝熱抵抗グラフより、10 ms の過渡伝熱抵抗は 0.57 K/W なので、以下のように計算できます。

$$\Delta T_j = 10\ \mathrm{W} \times 0.57\ \mathrm{K/W} = 5.7℃ \qquad \cdots\cdots(3)$$

では、もう少し複雑な電力波形を扱ってみましょう。図7-14のような波形が繰り返し印加される場合、最初のステップとして方形波に近似します。そして、重ね合わせの理で ΔT_j を計算します。

$$\Delta T_{j(peak)} = 1周期の平均発熱 \times R_{th(j-c)}$$
$$+ (ON状態の平均発熱 - 1周期の平均発熱) \times R_{th(j-c)}(56\ \mathrm{ms})$$
$$- ON状態の平均発熱 \times R_{th(j-c)}(28\ \mathrm{ms})$$

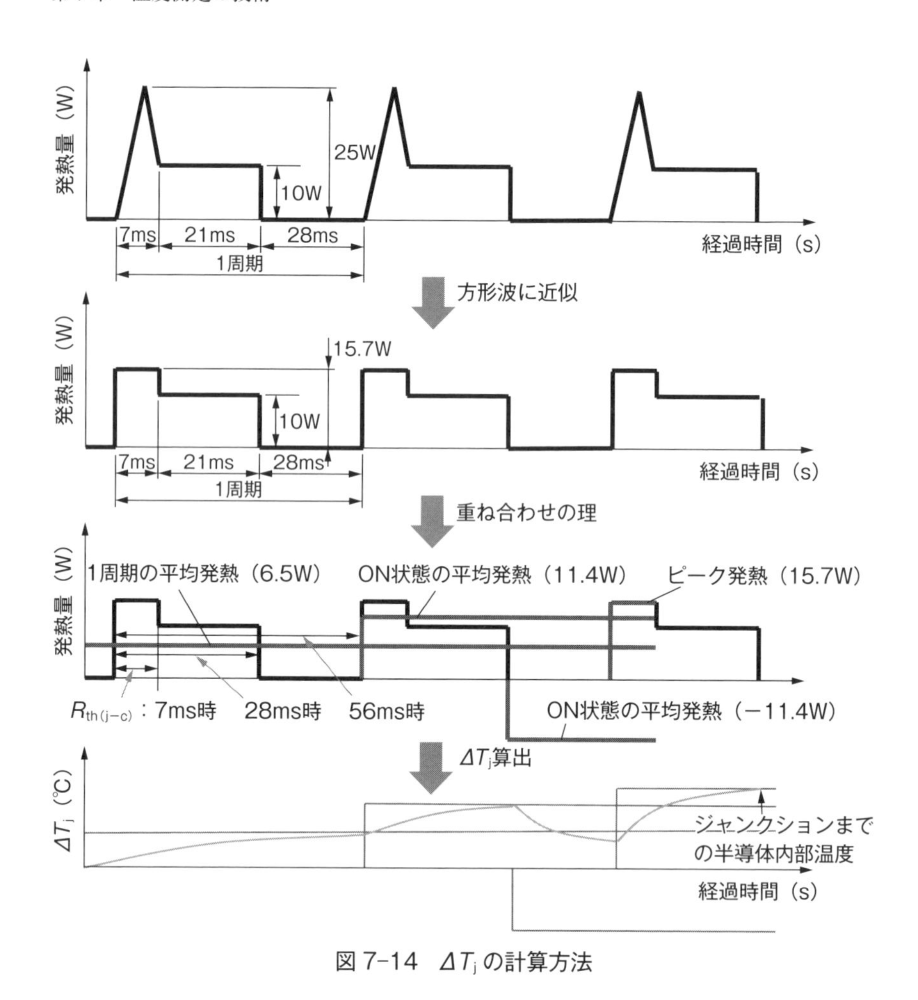

図7-14　ΔT_jの計算方法

$$+\text{ピーク発熱}\times R_{th(j-c)}(7\ \mathrm{ms}) \quad \cdots\cdots(4)$$

$$=6.5\ \mathrm{W}\times 5.9℃/\mathrm{W}+4.9\ \mathrm{W}\times 0.86\ \mathrm{K/W}-11.4\ \mathrm{W}\times 0.77\ \mathrm{K/W}$$

$$+15.7\ \mathrm{W}\times 0.62\ \mathrm{K/W}$$

$$=38.4℃+4.2℃-8.8℃+9.7℃=43.5℃$$

ここで注意すべきは、ピークが発生する位置が電力波形によって異なる点です。温度ピークが波形のどこで発生するか推測し、その時点までの計算をしなければなりません。例えば、MOSFETの動作波形で、ターンOFF時の発熱量が最も大きい場合、ターンOFF時まで図7-13のグラフを伸ばして考えます。

以上の手順で求めた熱電対の測定値T_cと過渡伝熱抵抗グラフと電力から算出したΔT_jから、式(1)によりT_jを求めます。回路設計で半導体デバイスを選定するときは、T_jの算出対象となる半導体デバイスの数だけT_cと電力波形を測定し、さらにΔT_jを求める計算を繰り返すことになります。つまり、T_jの算出にはかなりの時間がかかります。加えて、仕様変更により動作モードが変更されると、再度測定と計算が必要となりさらに時間がかかることになります。

ECUの伝熱設計は、半導体チップのT_jを基準に判定するものであり、正確な発熱量の算出が欠かせません。ハードウエアの詳細設計が確定していない試作フェーズで、制御ソフトウエアの動作モードの設計変更に応じて、何度も測定と計算を繰り返すのは現実的ではありません。かといって、発熱量があいまいなままでは現物での温度測定と伝熱解析の結果が乖離してしまい、試作前の伝熱設計全般の意義が失われかねません。まずは実験データの数値を基にして、伝熱解析でその乖離幅を把握しておくことです。そして、ハードウエアやソフトウエアの設計変更に伴い、発熱量が変更した場合を相対的に比較検討することが必要です。

実験と伝熱解析には、稼働するのがヒトかパソコンか、という大きな違いがあります。だからこそ、それぞれのメリットを享受して開発スピードと設計コストを考えていけばよいのです。

[参考文献]

1）「JEDEC JESD51-1」
INTEGRATED CIRCUIT THERMAL MEASUREMENT METHOD - ELECTRICAL TEST METHOD (SINGLE SEMICONDUCTOR DEVICE)、Dec 1995
2）富士電機、「富士パワーMOSFET Power MOS- FET Application Note」
(https://www.fujielectric.co.jp/products/semiconductor/model/powermosfets/application/box/pdf/MOSFET_J_160908_01.pdf)
3）東芝、「伝熱設計と放熱器への取り付け：パワーMOS- FETアプリケーションノート」
(https://toshiba.semicon-storage.com/jp/semiconductor/knowl-edge/faq/common/how-to-calculate-the-junction-temperature-of-a-semiconductor.

html)
4）ローム、「ジャンクション温度 素子温度の計算方法」
(https://www.rohm.co.jp/electronics-basics/transistors/tr_what7)

第8章

回路解析を駆使した素子電力計算

伝熱設計をスムーズに進めるためには「確度の高い伝熱解析」が欠かせません。そのためには、半導体デバイスの作動している温度判定基準のジャンクション温度（T_j）を求める必要があります。そこで重要となる、半導体チップの発熱量を回路解析で求める方法について、この章で説明していきます。

8.1　次世代の仕様検証方法は“動く仕様書”

伝熱設計の中で明確に算出できないのが発熱量であり、それが温度誤差の原因の１つです。現状の一般的なデータシートを用いた手計算では、スイッチング損失を正確に出せないため、発熱量の誤差が大きくなるからです。発熱量があいまいだと、現物での温度測定とシミュレーションによる仮想設計との誤差が大きくなります。試作前の伝熱設計全般の意義が失われるという問題があります。

電子制御によって電流や電圧波形が変わり、それに伴って温度上昇量が変わります。負荷を制御する駆動周波数ごとに過渡伝熱設計を検証するには、どのように設計を進めればよいでしょうか。それを解決していくために回路解析ツールを利用します。**図 8-1** に、理想とするフロントローディングの環境と、それを実現するために重要なポイントを示します。

自動車業界ではハードウエア設計が大きな工数を占めており、自動車メーカー（OEM)、Tier1、Tier2 ではシステム制御、電子回路設計、IC 設計を分担しながらモノづくりをします。そこで、それぞれの設計においては、シミュレーションモデルを使った仮想技術が活用されています。ただし各設計で担う技術範囲が異なるため、使用する解析ツールや解析方法は当然異なっており、この環境をつなげるのは至難の業とされています。そこで解の１つとして考えられるのは、複数の領域にまたがって統合的な解析を行う「マルチドメインシミュレーション」です。現在の仕様書は、紙に書かれた図面やテキストであり、そ

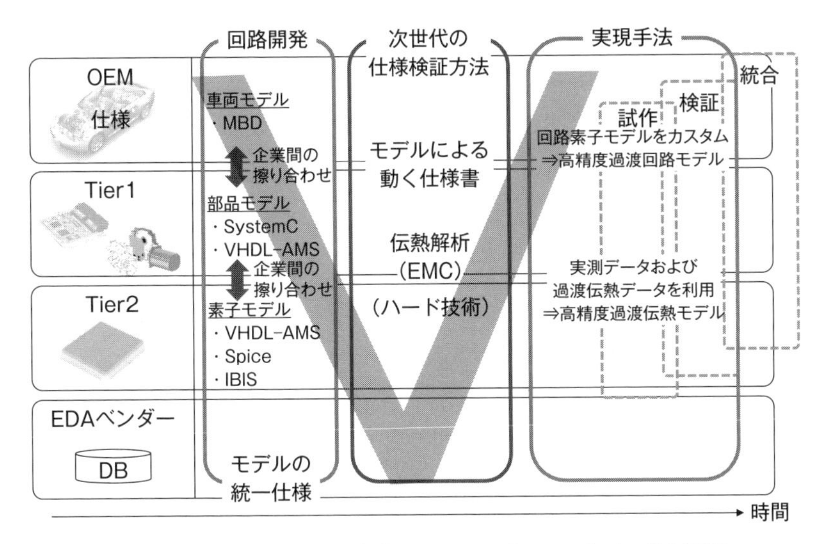

図 8-1 理想とする自動車業界のフロントローディングの環境

れを読んだ設計者が動作を脳内でイメージしますが、マルチドメインシミュレーションにより連携力を増せば、シミュレーションデータのやり取りによる“動く仕様書”が実現でき、詳細な仕様を検討できるようになります。

マルチドメインシミュレーションの利用はすでに始まっています。伝熱解析において過渡制御での発熱量を精度良く算出するツールとして使われているのが、「VHDL-AMS（Very-High Speed IC Hardware Description Language Analog Mixed Signal）」という記述言語による回路解析モデルです。このモデルには以下のような長所があります。

① 言語が汎用的でカバー範囲が広いため、多様な自動車システムを柔軟・汎用的にモデル記述が可能
② アナログ－デジタル連携することができ、イベントによるシミュレーション時間ステップ同期が容易
③ 厳密に解析検証される言語であるため、モデル記述に関してあいまいさがない
④ 国際標準規格であるIEEE標準1076.1およびIEC 61691-6で制定
⑤ 暗号化したモデルの交換が可能で、企業間のモデル流通が容易

⑥　物理現象を数式化できるため、陰的な微分代数方程式をそのまま数値的に解ける

⑦　運動、回路といった各種の方程式を信号フローの形でなく、直接記述することが可能

⑧　シミュレーションにおいて方程式を解くソルバーに、様々な数値的技法が組み込み可能であり、数値安定性に対して有利

特に、モデル記述を暗号化処理できるため、OEM、Tier1、Tier2によるモデルの受け渡し時に情報を秘匿できることが大きなメリットです。また、制御変化による電流、電圧変化によって生じる過渡状態での損失を検証できるのはもちろん、熱回路網を数式で入力することでT_jも同時に検証できます。つまり、ECUの制御要求から、実際の半導体素子を使って温度測定することなく、解析のみで簡単にMOSFETなどの半導体を選択できるようになります。

8.2　過渡伝熱モデルを活用して部品選定

実際にVHDL-AMSによる過渡伝熱モデルを活用するとどうなるのか、エンジンECUの例で紹介します。**図8-2**は、シーメンスEDAジャパン製Part Quest™ Exploreを利用して、エンジン内部に直接燃料を噴射するインジェクタ回路を検証するモデルです。この回路において、電子回路解析と伝熱解析の連成を行います。回路解析は、電子回路の解析部、伝熱解析の解析部（図8-2の右下に示した部分）、機械動作の解析部を連成しました。

特徴的なのは熱回路網の解析部分です。T_jが算出できるように構造関数を入力します。構造関数とは、半導体のジャンクション部分から環境への放熱経路を熱抵抗分Rと熱容量分Cで表現したものです。これらを合成したサーマルインピーダンスZ_{th}と時間で過渡伝熱を表現し、T_jを算出できるようにしました。構造関数や過渡伝熱の詳細については後章で説明します。

電子設計者が行う定番の設計行為として、実装する半導体の選定があります。こうした設計を想定し、半導体メーカー3社のMOSFETの動作と過渡発熱を

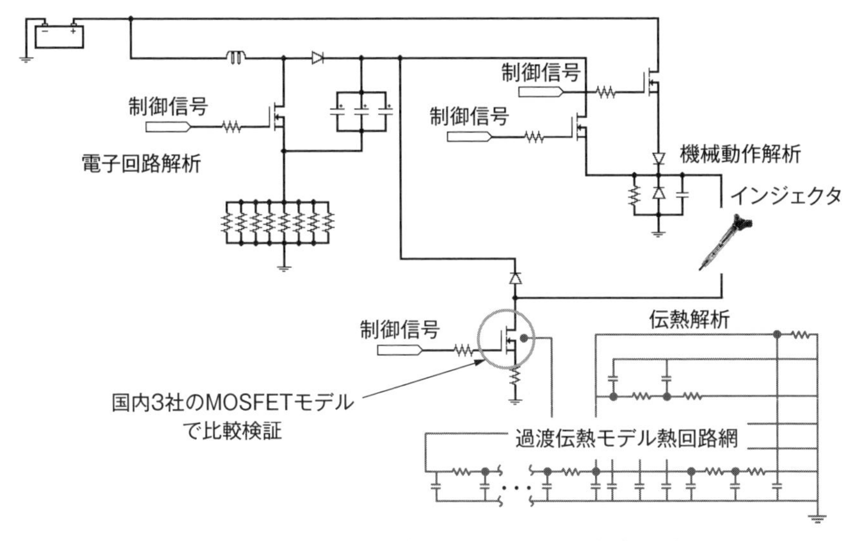

図 8-2　電子回路と熱回路網を組み合わせた解析の実現

比較検証するようなケースを考えてみましょう。各社の MOSFET の仕様を**表 8-1** に示します。

電子回路解析により得られた MOSFET のドレイン・ソース間電圧 V_{DS} とドレイン電流 I_D から発熱量を求め、熱回路網で T_j を算出します。I_D の電子回路解析結果と T_j の伝熱解析結果を**図 8-3**、**図 8-4** に示します。素子モデルは、図 8-2 に書いてあるように過渡伝熱の熱回路網が入力されているので、図 8-4 のように、過渡の温度上昇を確認できます。

半導体の温度上昇は、過渡状態であるターンオン/オフ時のスイッチング損失と、定常発熱のオン抵抗による発熱分に区別できます。上記の解析結果からは、以下のことが読み取れます。まず、A 社の MOSFET は I_D におけるサージ電流が大きく、その結果 T_j の振幅が大きく、一方で、C 社の MOSFET は I_D が小さいことがわかります。これは、表 8-1 に示したように C 社の MOSFET はオン抵抗（Ron）が他の 2 製品に比較して大きいためです。C 社の MOSFET はオン時の発熱量が大きくなり、T_j が高くなったと考えられます。

今回実施した T_j の算出について、3 次元モデルで伝熱解析しようとすると約

表 8-1　異なる MOSFET の電気的特性で回路・熱を比較

Company		A 社	B 社	C 社
Package		TO-252	DPAK＋	SC-63
		6.5mm 6.1mm	6.5mm 5.5mm	6.5mm 5.6mm
Max. ratings	V_{DS}（V）	100	100	100
	I_D（A）	40	20	20
	T_j（℃）	175	175	150
	Power（W）	120	65	20
Turn-on Delay Time（ns）		15	–	100
Rise Time（ns）		16	13	35
Turn-off Delay Time（ns）		60	–	150
Fall Time（ns）		5	8	100
R_{on}（mΩ）（typ.）		21	23	33
θ_{jc}（℃/W）		1.25	2.3	6.25
θ_{ja}（℃/W）		125	–	147

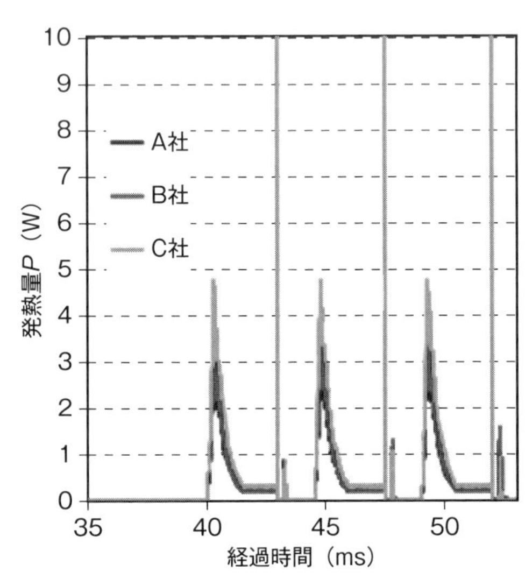

図 8-3　電子回路解析の結果

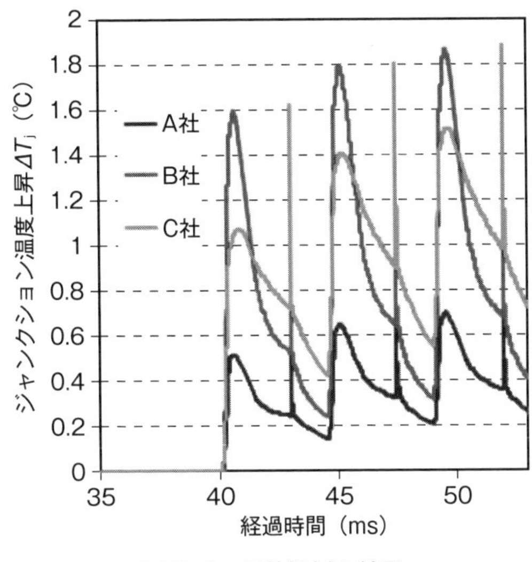

図 8-4　伝熱解析の結果

8時間かかりますが、VHDL-AMSを利用した1次元のマルチドメインシミュレーションならば約1分、つまり約1/500の時間で素子の温度計算結果が得られます。現在、過渡時の温度を判断するには、電子回路の測定実験をしてその後に伝熱解析を行うのが常とう手段となっているのに対して、VHDL-AMSを活用すれば瞬時に確度の高い T_j の判定ができるというわけです。短時間での解析によって電子回路設計の初期段階に T_j の検証をすることができれば、設計品質が向上するとともに設計工数を大幅に削減できます。

8.3　安全動作領域の検証にも応用可能で、瞬時に判定

半導体素子の温度保証として、印加可能な電圧・電流を規定する安全動作領域（Safety Operating Area、以下SOA）がデータシートに規定されています。回路設計では、SOAを満足するかどうかを確認するために、実機の動作波形を制御ごとに測定、検証していました。VHDL-AMSで記述した回路解析の結果を利用すれば、印加時間と電圧・電流値などを入力してプログラムすること

ができ、**図8-5**のようにSOAの判定が可能となります。データ波形から電流I_DとV_{DS}を、例えば1msごとで抽出し、データシート上にポイントを打って、SOAの判定値以下であることを確認します。つまり、製品品質の向上と設計検証の時間短縮が期待できます。

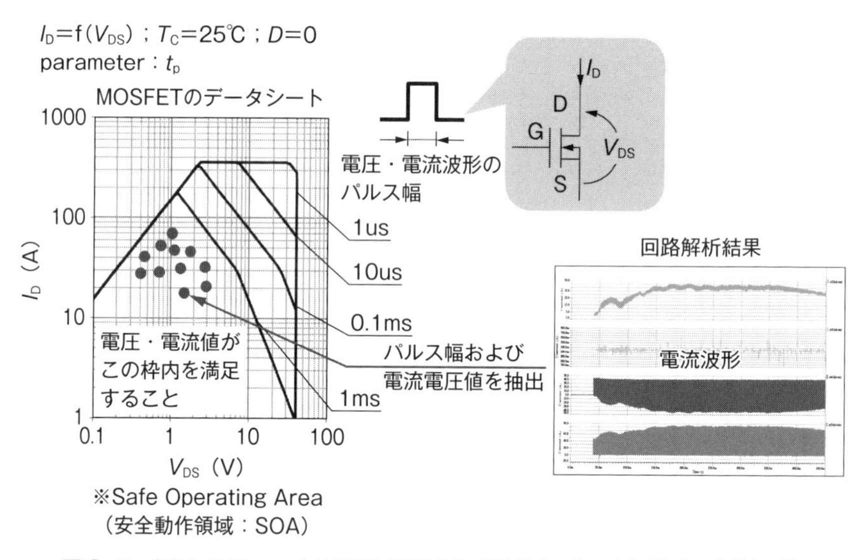

図8-5　SOAのチェックで回路が領域内で動作しているか瞬時に判断可能

8.4　確度の高い過渡伝熱モデリングの重要さ

このように半導体素子について過渡伝熱特性を利用し、熱回路網によってモデリングすれば、解析負荷を低減し、回路解析と伝熱解析を連成したマルチドメインシミュレーションを具現化できます。改めてポイントは、VHDL-AMSを活用しており、半導体素子の内部構造を秘匿しながら、OEMからTier1、Tier2間といった市場での回路モデル流通が可能ということです。また、従来活用されているFMI（Function Mockup Interface）[3]といったツール間連携の標準インターフェースにより、ECUの回路解析と伝熱解析を連成できるようになります。この連成により、電子設計者は複数メーカーをまたぐ部品選定や、回路定数設計の段階で容易に素子の温度を把握できるようになり、製品開発スピードが大幅に向上します。さらに、実験では測定が困難な過渡状態の T_j を正確にシミュレーションできることで、品質向上や過剰なマージンの削減が可能となり、最適設計による競争力のある製品開発が実現します。制御ロジックの検証とエレクトロニクスの伝熱設計を同時進行できることが、フロントローディングのアクセルを踏む重要なポイントなのです。

[参考文献]

1）「VHDL によるディジタル電子回路設計」、兼田護
2）経済産業省　自動車産業におけるモデル利用のあり方に関する研究会今後の方針『SURIAWASE2.0 の深化』
https://www.meti.go.jp/press/2018/04/20180404003/20180404003.html
3）自動車技術会、FMI 活用ガイド ver.1.0.1
https://www.jsae.or.jp/katsudou/docu/1035/fmi_guide101.pdf
4）日経 TECH・日経エレクトロニクス
「現役デンソー技術者が教える熱設計の極意」(2020.08)

第9章

過渡伝熱技術

9.1　時代は過渡伝熱技術へ

自動車のECUの小型化が進み、結果、急浮上してきている問題が発熱量・発熱密度の増加による温度上昇です。ECUきょう体だけでの放熱対策では不十分であり、発熱源の半導体周辺の冷却に着目した伝熱設計が必須となっています。半導体の発熱の中でも近年注目されている過渡現象について見ていきましょう。

多くの企業にとって、車両用の電子制御機器における伝熱設計ではCAE（Computer Aided Engineering、コンピュータを使った伝熱解析）活用が必須となっています。これまでは主に、定常状態における伝熱現象の範囲でCAEが活用されてきました。

前章で述べましたように、近年問題となっているのが過渡現象の解析です。時間変化を伴うスイッチング損失のような過渡の発熱の影響が大きくなり、実装された全半導体の電気と熱の特性を満足する設計が必要とされるようになってきました。このような電気と熱を連携させた検証を可能とする解析への要求が急増しています。

実際のところ、過渡現象の解析事例は既に少なからず存在しています。ただし、熱の過渡現象の解析は計算負荷が大きいという最大の課題により敬遠されており、現象の簡易化や解析範囲の限定などを行って利用するケースが主でした。それが最近では解析ツールと計算機の能力が進化したことで、過渡解析を利用した大規模な解析例が発表されるようになりました。過渡現象の解析には、様々なサンプリング時間を考慮する必要があります。例えば、ECUに実装される半導体デバイスであるMOSFETの発熱は、スイッチング損失が大半を占めており、μsオーダーの過渡現象を解析する必要があります。また、車両の搭載環境において、デッドソーク（ラジエーターファン停止後のエンジンルーム温度の上昇）の検証には数十分単位の過渡現象の解析が必要です。このような時間レンジが広範囲に及ぶ過渡解析は、処理速度の高いPCが出てきたとはいえ、いまだ高負荷であることは変わりなく、計算負荷が軽い方がよいです。業務効率を考えれば、計算負荷の軽い熱回路網を用いた１次元伝熱解析と連携するモデルが必要です。このモデルでは過渡伝熱抵抗の扱いが肝となります。

9.2 熱回路網にも時定数

電子回路では、電流を流し始めて定常電流の 63.2 %になるまでの時間を「時定数」といいます。熱回路網でも同様に熱流が発生し、初期温度から最終到達した定常温度との差の 63.2 %になるまでの必要時間を「熱時定数」といいます。熱時定数 τ とは熱抵抗 R_{th} と熱容量 C_{th} で決定し、電子回路と同様に求められます。例えば、電子部品の体積が小さくなるほど、ECU を小型化するほど、熱時定数は小さくなり、応答速度が速くなります。

一般に時定数や熱時定数は、電磁気学の場合は μs〜ms オーダー、機械工学の場合は ms〜s オーダーの事象であることが多く、解析時間の規模が異なります。従来、熱工学は機械工学分野の１つとして扱われてきた経緯がありますが、半導体の短い電子制御時間を過渡温度として表現することは、機械工学とは異なる工学分野であると考えた方がよいでしょう。さらに、半導体メーカーから過渡伝熱抵抗グラフは提出されているものの、素子の比熱や密度の物性値といった情報の開示や整備はこれからであるため、現時点ではモデリングを深化させにくいという課題が生じています。

9.3 熱伝導より熱抵抗

それではまず、熱抵抗 R_{th} と熱容量 C_{th} から見ていきましょう。MOSFET などの半導体部品に電圧がかかると電流が流れ、内部の電気抵抗によって発熱します。第４章でプリント基板内の伝熱の概要を説明したように、部品を構成する樹脂などの絶縁材料が熱の出入りを遮るために、熱は内部にたまっていき、いずれ局所的に熱くなってホットスポットができます。その熱の伝わりにくさを表すのが熱抵抗で、任意の2点間の温度差と、その間を単位時間、単位面積当たりに流れる熱量との比であり、熱の移動を等価電気回路に置換えたときの抵抗に相当します。これは、2点間の温度差が電位差に、移動する熱量が電流に、対応すると考えられることを意味します。SI単位はK/W（温度差/発熱量）です。電子機器の設計では、この熱抵抗の単位を［℃/W］とした方がわかりやすいので、よく利用されます。本書も℃/Wで書いてあるところがありますが、ご了承下さい。温度差の単位を摂氏温度（℃）とするか、絶対温度（K、ケルビン）とするかの違いによります。ただし、摂氏温度と絶対温度は「0度」の基準点は違うが大きさは等しいため、温度差としてはどちらの単位を使っても同じ値となり、熱抵抗の数値も同じとなります。数値が大きいほど熱は伝わりにくいこととなります。

伝熱解析では物質特性の1つである熱伝導率〔単位はW/(m･K)〕と体積を入力することで熱抵抗を算出するのが一般的ですが、エレクトロニクス製品設計の現場では熱抵抗で表現することが多いようです。どのくらい熱が逃げにくいかを数値で表現でき、放熱のネックとなる部材がわかりやすいからです。特に、電子回路設計者は見慣れた“抵抗”で表現する方がわかりやすいのでしょう。伝熱の法則も、電気のオームの法則と同様に置き換えることができます。電圧は温度差、電流は熱流、電気抵抗は熱抵抗に相当します。

熱容量 C_{th} は、ある物質の温度を1℃上げるために必要な熱量のことをいい、単位はJ/Kを用います。例えば、水と油のように熱容量の異なる物質では同一の熱量を与えたときの過渡的な温度変化が異なります。熱容量が大きいということは熱しにくく、冷めにくいことになります。

9.4　過渡伝熱抵抗は熱インピーダンス

次に、改めて過渡伝熱抵抗について見ていきましょう。瞬間的な電力印加による温度上昇を考える場合など、熱流が発生して定常温度に達するまでの過渡現象時における熱抵抗が過渡伝熱抵抗です。過渡伝熱抵抗は、熱抵抗 R_{th} と熱

容量 C_{th} からなる熱インピーダンス、合成熱抵抗 Z_{th} で表します。つまり、過渡的な熱抵抗を考える場合は熱容量の影響を考慮する必要があります。

例えば、単発パルスなどの瞬間的な電力の印加による温度上昇や長時間の加熱による緩やかな温度上昇など、分析したい時間幅によって Z_{th} は変化します。この Z_{th} をパルス時間単位（パルス幅）で表したのが過渡伝熱抵抗特性のグラフです。例として、MOSFET の代表的な過渡伝熱抵抗グラフを**図 9-1** に示します。パルス時間が長くなるほどジャンクション温度は上昇し、ある一定時間を越えると熱飽和により一定の温度に達します。

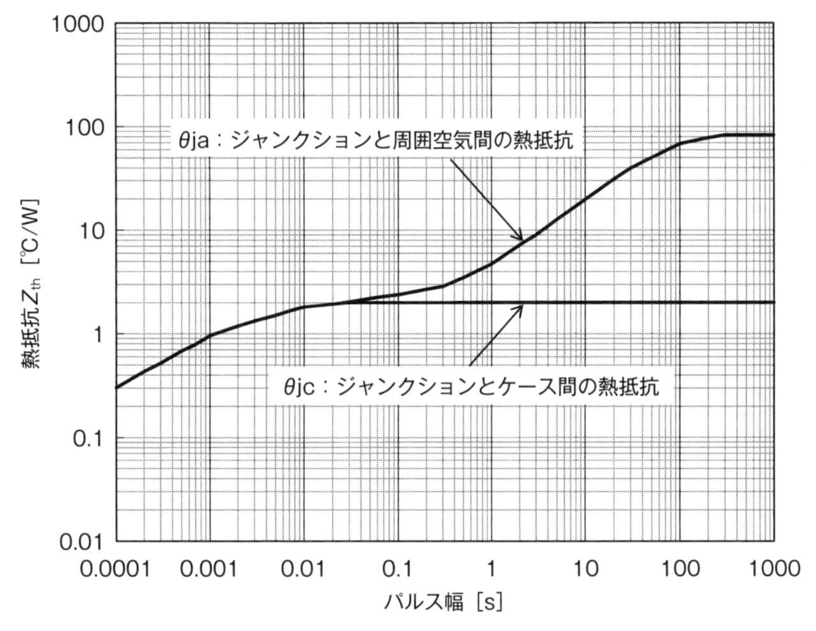

図 9-1　代表的な MOSFET の過渡伝熱抵抗グラフ

ちなみに、過渡状態でも定常状態でも熱抵抗の「単位発熱量（1 W）あたりの温度上昇量」という定義は同じであり、R_{th} や θjc、θja は区別せずに“熱抵抗”として使われるので注意が必要です。なお、データシートなどに記載されている「熱抵抗値」は定常伝熱抵抗値、つまり熱容量の影響がなくなる状態以降での熱抵抗を示しています。

9.5　T_j 算出に過渡伝熱抵抗グラフは不可欠

半導体の動作温度範囲は、半導体内部のリードとPN接合部の温度であるジャンクション温度（T_j）が保証値以内に収まるように設計します。第7章で紹介したように、パッケージングされた半導体の T_j を算出するには2つの工程があります。1つは、熱電対でケース温度の上昇分を測定すること。2つめは、その半導体の発熱量とジャンクション—ケース間の熱抵抗 Z_{th}（jc）から内部の温度上昇を算出すること。この温度上昇分をケース温度（T_c）に加算して T_j が求められます。第7章の7.5で説明したように、半導体にかかる電圧と流れる電流を測定して発熱量を算出します。さらに動作時のパルス幅と図9-1に示したような過渡伝熱抵抗グラフを利用して、ある時点でのケース温度（T_c）に対するジャンクション温度上昇（ΔT_j）を算出し、温度保証を満足するか確認することになります。過渡時の T_j を正確に解析によって算出しようとすれば、半導体のケースからプリント基板までの伝熱に対して100 ms程度の時間の範囲を対象とし、電子制御によって発熱量が変化する微分的な過渡現象を解くことになります。ただし、この $Z_{th(jc)}$ は半導体メーカーから提供されますが、過大なマージンが上乗せされているのが実情であります。メーカーの過渡伝熱グラフのマージンは、モノのバラツキ（シリコン、パッケージ）を含み、環境系の測定誤差、人的な測定誤差、品質確保を見込んだ値をプラスしています。例えば、解析の確度を上げた製品設計をするためには、入力データの精度が必要であり、そのデータの誤差が不明であれば、図9-1のグラフは自社内で計測できるようにすることが望ましいです。

9.6　過渡伝熱抵抗の測定方法は2種類

過渡伝熱抵抗の測定方法は、大きく「Dynamic法（加熱法）」と「Static法（冷却法）」の2つに分類できます。**図9-2**のDynamic法は半導体に電流を流

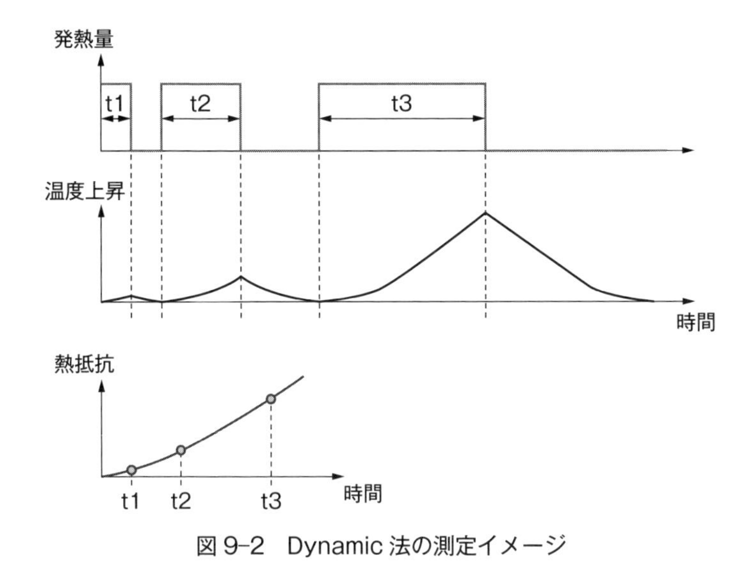

図9-2　Dynamic法の測定イメージ

して一定時間発熱させ、その時の温度上昇から熱抵抗を算出し、その後冷却を繰り返す方法です。

メリットは実際の使用状態を再現するような測定方法である点で、IGBTなど複数の熱流経路がある半導体に利用されています。デメリットとしては、1素子を測定するために加熱・測定・冷却を複数回繰り返す必要がある点です。加えて、過渡伝熱曲線の導出には多大な時間がかかるうえに、パルスごとに熱抵抗を算出していくので不連続であること、測定精度を上げるためのホワイトノイズの除去が困難であること、電圧-温度特性として用いる順電圧（V_f）の測定を1点ずつ取得するため、測定にばらつきがあり、不安定であることなども挙げられます。

図9-3のStatic法は電力を連続印加して温度が飽和するまで半導体を加熱しておき、オフ時における半導体内のジャンクションの電圧-温度特性から温度の時間変化を把握して、その冷却カーブから変化する過渡伝熱を計測する方法です。

ここで、冷却カーブと過熱カーブは同等としています。メリットは、加熱・冷却が1度でよいので測定時間が短いこと、測定点数が多く平滑化によりホワ

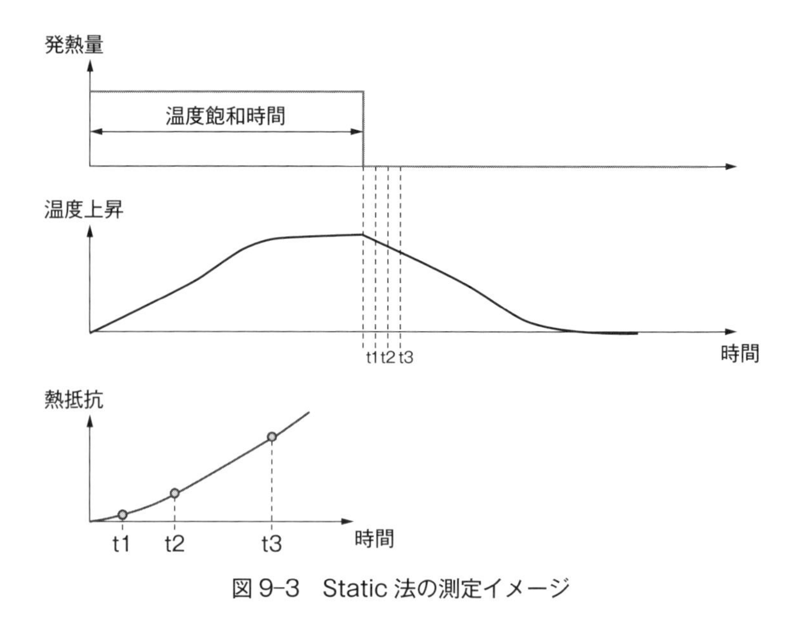

図 9-3　Static 法の測定イメージ

イトノイズの除去が容易であること、オフ測定できるため V_f の温度特性が安定することです。2010 年 11 月、米国の JEDEC 半導体技術協会は、Static 法を推奨する Transient Dual Interface Test Method（以下、TDI 法）を JEDEC JESD51-14[1] として規格化しました。JESD51-14 は過渡伝熱抵抗を測定する基準となる規格で、1 次元的な放熱経路を持つ半導体においてジャンクション—ケース間熱抵抗（θjc）を測定する手法です。この規格は、今日でもよく利用される熱電対を用いた θjc 測定手法である MIL 規格 833[2] とは異なります。JESD51-14 規格は JESD51-1[3] に準拠した過渡伝熱抵抗であり、半導体のケース温度を熱電対で測定しないことが大きな特徴です。いわば、外部の接触要因による温度測定の誤差を排除することで、精度良く、再現性の高い測定が可能であることを長所とします。一方、この規格のデメリットとして、主要な熱流経路が単方向のみの場合にしか測定できないことが挙げられます。

ただし、JEDEC 規格は半導体メーカーにおいて認知度が高く、世界の規格として普及していています。JESD51-14 規格による測定も最近、半導体メーカーに導入されつつあり、新製品の部品でも Static 法でのデータ提供に期待できます。

9.7　なぜ過渡伝熱抵抗測定が必要なのか

MOSFET などの半導体素子の過渡伝熱抵抗は、半導体メーカーからデータシートとして値が提供されます。しかし、データシートの値は、JEDEC JESD51 シリーズで規定される特定の試験環境での測定結果であり、その MOSFET を採用しようとしている電子機器のプリント基板や実装方法、使用環境とは異なるため、過渡伝熱抵抗値としても厳密には異なります。

図 9-4 の伝熱解析のように、残銅率といった実装するプリント基板の仕様が変われば MOSFET の熱抵抗 Z_{th}（jc）は変化することがわかります。

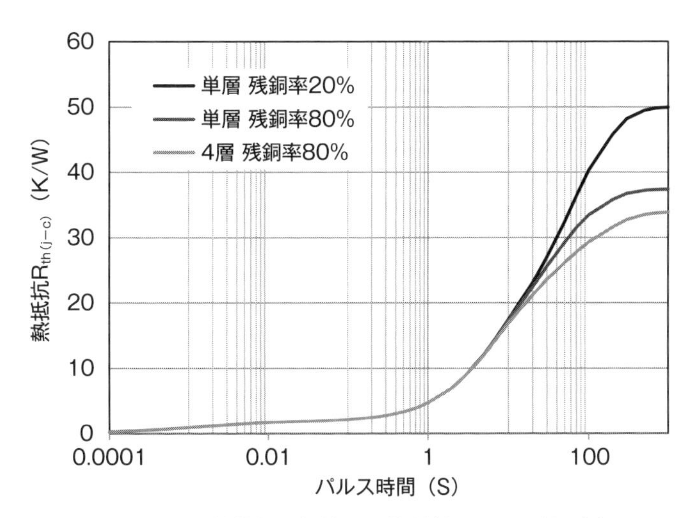

図 9-4　実装基板の銅箔層と熱抵抗 θ_{jc} の関係の例

半導体メーカーはそれぞれ独自の基板を用いてデータシートを作成しており、しかもメーカーがその基板の諸元を公開することは少ないです。理想を言えばセットメーカーが採用するプリント基板に半導体を実装した上で、測定した過渡伝熱抵抗値でデータシートの作成をすべきですが、それは現実的ではありません。

このような課題から、精度の高い伝熱設計を行うためにはセットメーカーが自社で半導体の過渡伝熱抵抗を測定する必要が生じてきます。半導体の過渡伝熱抵抗を実物から高精度に測定するには、米Siemens Digital Industries Softwareの過渡伝熱抵抗測定装置「Simcenter T3STER（以下T3STER）」[5]が多く利用されています。具体的な測定方法として、同装置とデータ処理のためのソフトウエア「T3STER Master」を用いたStatic法による測定方法での例を紹介していきます。

9.8　3次元の放熱経路を1次元で表現

T3STERは「構造関数」を測定するための装置といえます。構造関数とは、発熱源から温度が安定している周囲環境（Ambient）までの放熱経路を、熱抵抗と熱容量の関数で示したものです。構造関数は、3次元空間上の放熱経路を1次元の熱回路網で再現する点に特徴があります。一般的な**図9-5**のようなMOSFETの場合、半導体チップの熱は下面のスプレッダまで、**図9-6**のようにA、B、C…の順に拡散します。

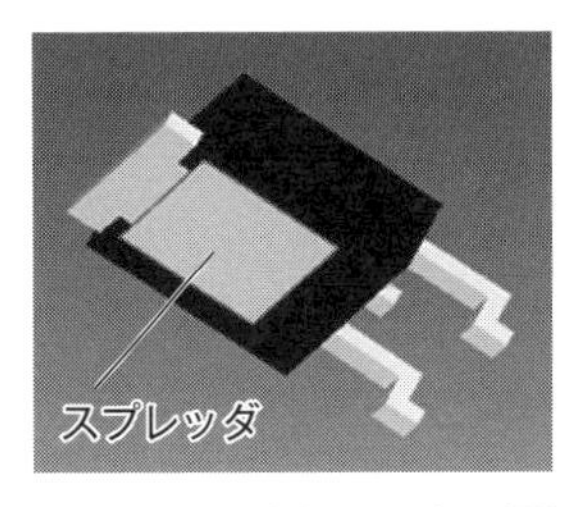

図9-5　MOSFETを下面から見たところ

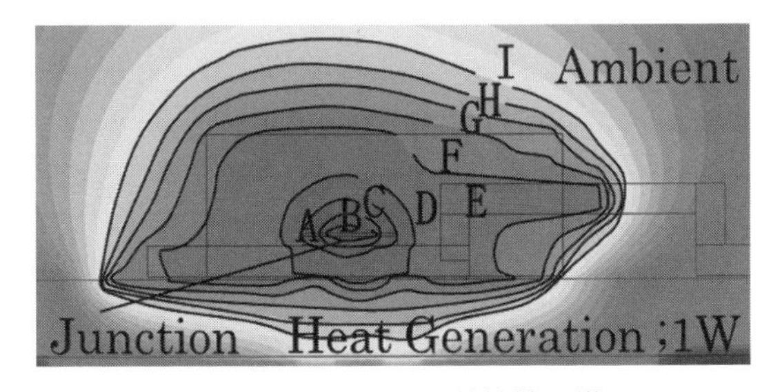

図9-6　MOSFETの熱拡散の様子

この3次元的な熱の広がりは、熱抵抗と熱容量を用いた1次元の熱回路網により表現することができ、**図9-7**のようにCauer–Ladder型のRC熱回路網に変換可能です。電気回路においてコンデンサが電荷をためる静電容量を持つの

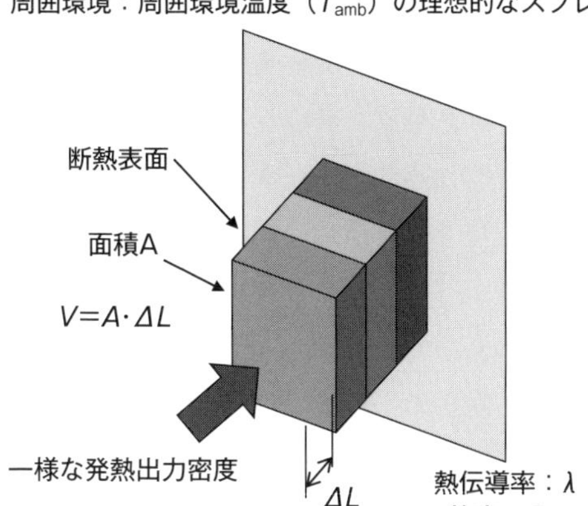

図 9–7　Thermal モデル

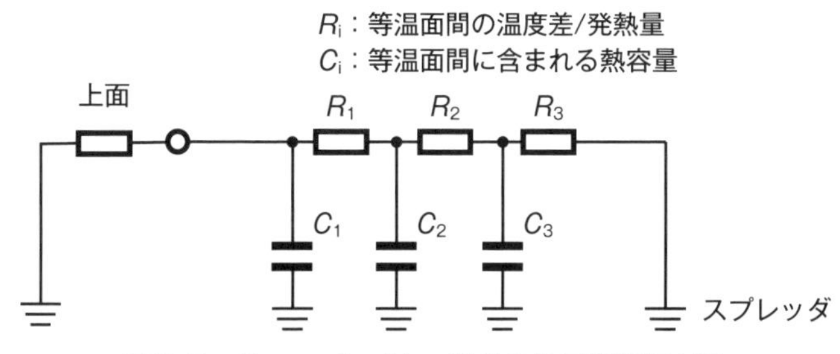

図 9–8　Cauer-Ladder 型 RC 熱回路網モデル

と同じように、熱回路網では熱のコンデンサである熱容量 C_{th} が存在し、同様な振る舞いをします。例えば図 9–4 に示したような、過渡伝熱抵抗のグラフが右上がりになるのは、**図 9–8** の C_{th} が C_1、C_2、C_3 へと次々に一杯になっていき、温度が上昇するからと説明できます。

代表的な RC 熱回路網の変換方法として「Network Identification by Deconvolution Method」[4]があります。この方法では、過渡伝熱抵抗の測定や解析により R と C での熱回路網が導き出されます。図 9–8 に示すようなラダー状の RC 熱回路網モデルは、理想的なスプレッダに取り付けられていることを前提条件とする、断熱側面を持つ連続した直方体の物理モデル（Thermal モデル）と対応します。

T3STERではT_jの変化から熱容量と熱抵抗を測定し、ソフトウエアであるT3STER Masterを使って構造関数を求めることができます。ただし、再現できるのは半導体内部のチップからスプレッダまでの放熱経路のように、1次元かつ1方向の熱回路網で表現できる構造に限られます。半導体と実装基板のように、複雑な放熱経路を持つ部品の温度分布は図9–6のように、部品の境界面とは一致しません。すなわち、熱回路網のRC端子は、同時刻における熱流の通過断面に沿って生成されるため、構造関数のみから各部品の界面の位置を特定するのは困難なのです。

9.9　構造関数のクニックによるθ_{jc}推定

そこで、構造関数の傾きに着目します。構造関数は名前が示すとおり、人が直感的に測定対象の構造を理解できるようになっています。横軸に熱抵抗、縦軸に熱容量をプロットしており、材料に応じて固有の傾きを持ちます。例えば、傾きが小さければ熱抵抗の変化が大きく、熱容量の変化が小さい物質であることを示しており、温まりやすく、冷めやすい物質になります。一方、傾きが大きければその逆で、温まりにくく、冷めにくい熱容量が大きい材質であります。図9–8の概略図は、熱抵抗と熱容量がそれぞれR_1とC_1、R_2とC_2…といったように、異なる物性の材質を熱が伝わっていく場合を想定したものです。構造関数の傾きが異なるということは、これらの物性値が異なる材質で構成されていることを示しており、傾きが変化するところに材質の境界面があることがわかります。この構造関数の傾きが変化する点や領域を「クニック」と称します。この構造関数のクニックから構造の変化をとらえることができ、半導体素子内の構造を特定することで、θ_{jc}を分析することができます。

図9–9の場合、MOSFETの構造関数から構造が分析できます。まず、このMOSFETの解析モデルを作成し、構造関数を計測、グラフ化します。構造関数の傾きが変化する部分について、解析モデルデータと実測データの構造関数

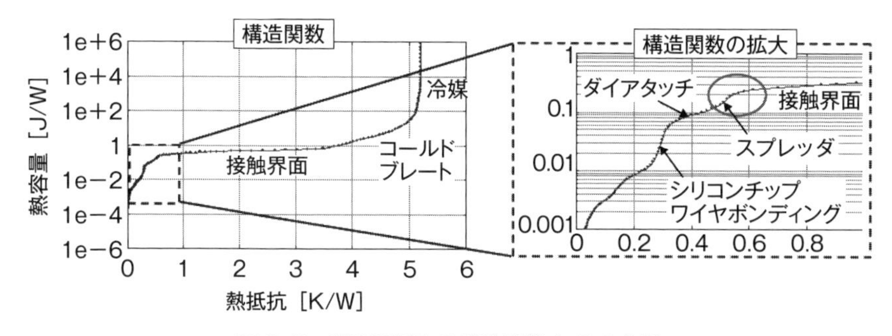

図 9-9　MOSFET の構造関数とその分析

を比較すれば、部位を判別できます。コールドプレートは強制冷却が可能な金属プレートになります。パッケージ面は素子のスプレッダと接触界面が交わる丸線で囲んだ領域に存在すると読み取れます。

ただし、実サンプルにおいて完全に1次元的な放熱は存在しないため、構造関数の性質からもクニックは鈍ってしまいます。結果として、読み取り誤差が大きくなって読み取ることが不可能となります。そこで、**図 9-10** のように構造関数を微分した「微分構造関数」を用いて分析します。構造関数を微分すると、クニックは微分構造関数の傾きが0となる点として明確になります。すなわち、Z、A、B 点であり、それぞれが各材料を示す傾きの中央部分に対応します。各材料の界面はその間に存在するのです。

具体的には、スプレッダは頂点 A を中心とした範囲にあり、隣り合う物体との界面（放熱グリース）は A 点から次の傾きが0となる B 点との間に存在します。**図 9-11** に示すように、実際の MOSFET の計測結果から、構造関数と微分構造関数を見てみましょう。これから θ_{jc} を読み取る場合、スプレッダでの数値はピンポイントに判明しないものの熱抵抗は 0.53〜0.68 ℃/W とわかります。安全をみて、θ_{jc} は 0.68 ℃/W を設計値とすればよいでしょう。

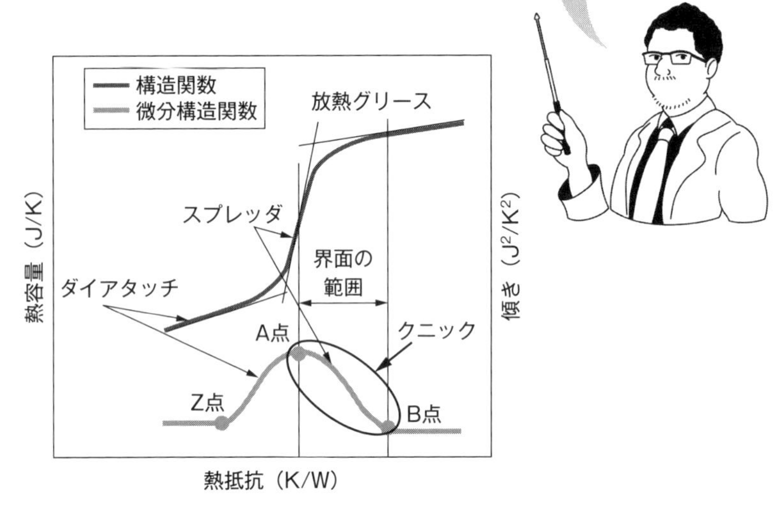

図9-10　微分構造関数とクニック

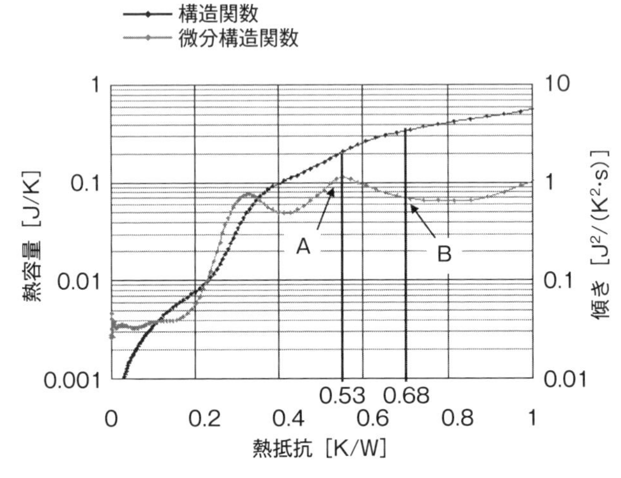

図9-11　MOSFETの構造関数と微分構造関数の例

9.10 TDI 法を利用した基本となる測定技術

過渡伝熱抵抗を測定する基準となる方法が、JEDEC JESD51-14 規格の TDI 法です。TDI 法では、**図 9-12** のように、強制冷却が可能なコールドプレートと、一定の圧力をかける装置を用います。

素子とコールドプレートの接触界面に、放熱グリースを塗布する場合と塗布しない場合で各々過渡伝熱抵抗を測定し、2 つの測定結果から分離点を見極めます。この測定方法では、コールドプレートと接触している半導体ケース表面までの放熱経路において、冷却条件が変化しても過渡伝熱抵抗は変化しないという原理を利用します。つまり、過渡伝熱抵抗が一致する部分は素子内部であることを意味しています。素子外部に位置する空気とグリースは熱抵抗、熱容量が異なるので過渡伝熱抵抗が異なります。そのため、過渡伝熱抵抗グラフはグリースの有無によって分岐することになります。

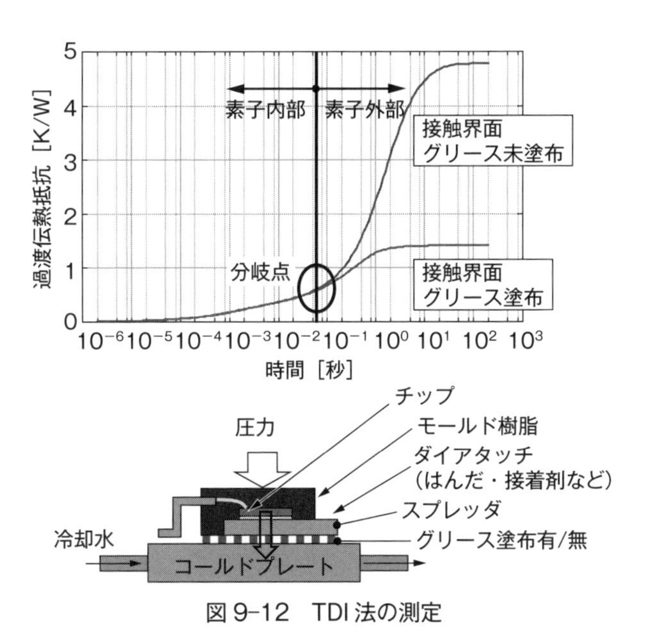

図 9-12　TDI 法の測定

9.11 実装状態での熱抵抗測定の応用技術

プリント基板に実装した半導体素子について算出する T_{j} は、前述したように実装状態の熱抵抗に依存します。電子機器は、半導体内部の熱抵抗 θ_{jc} の他に、プリント基板ときょう体など、半導体素子にかかわる放熱系全体の熱抵抗を正確に把握する必要があります。これらの熱抵抗は基板銅箔の厚さ、サーマルビアの数や大きさ、放熱材（Thermal Interface Material：TIM）の有無により変化します。サーマルビアは基板表面から裏面へと貫通するビアで、板厚方向の熱伝導率を上げることで熱抵抗を下げる効果があります。基板ごとにこうした構造が異なるため、机上計算での正確な把握は困難ですが、T3STERを活用すればプリント基板の熱抵抗と実装された半導体素子の熱抵抗について、同時に測定できます。**図9-13**のように、サーマルビアの有無による半導体素子温度と熱流分布の差について、伝熱解析に用いる検証モデルを見てみましょう。

半導体素子の熱を基板および放熱材を介してきょう体へと放熱する構造を採用する例です。便宜的に、サーマルビアがない基板を「Circuit A」、サーマルビアを設けた基板を「Circuit B」とします。Circuit Aでの熱抵抗はサーマルビアがないため大きいです。Circuit Bは、半導体素子直下のサーマルビアからきょう体へと放熱するため、熱伝導率の低い基板の樹脂部を介するCircuit A

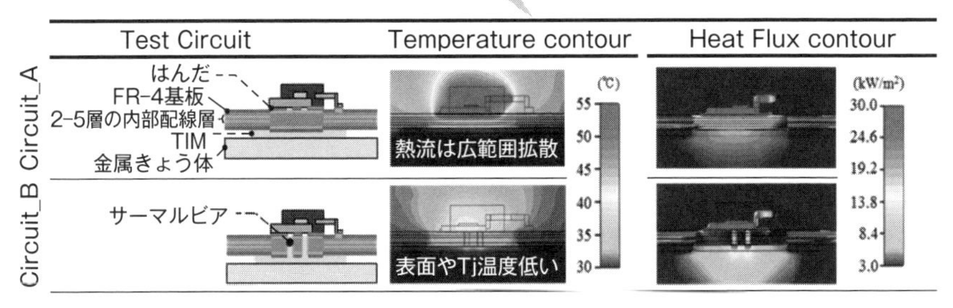

図9-13　サーマルビア有無で異なるモデルの基盤構造と温度分布の差

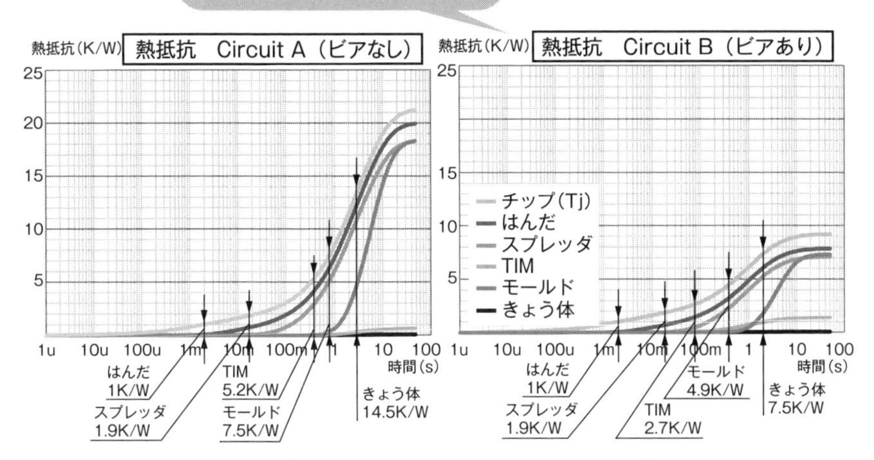

図 9-14　T3STERで実測した、サーマルビアの有無で異なる基板構造の温度上昇時間と熱抵抗の差

と比較して熱抵抗が小さくなり、素子の表面温度や T_j は低くなります。半導体部品を実装するプリント基板などの周辺モデルの詳細化が、正確な結果を得るために重要であることがわかります。

サーマルビアの有無で異なる2種類の基板構造について、**図 9-14** のように各部位における熱抵抗を解析しました。2種類の基板に対して、半導体部品の内外の構造関数を正しく識別でき、構造ごとの熱抵抗がわかります。電子機器の熱抵抗を把握するにあたっては、Static 法により T3STER を利用すれば、半導体素子のみならず実装状態の検証が可能となります。実装状態のままでの測定は、熱流を妨げるネック部分を特定するのに有効であり、各部位の接続部分に存在する接触熱抵抗も把握できるため、熱マネジメントの精度向上に大きく貢献します。この解析手法は、車両用 ECU だけでなく各方面のエレクトロニクス技術に利用できます。

[参考文献]

1）JESD51-14, “Transient Dual Interface Test Method for the Measurement of the

Thermal Resistance Junction to Case of Semiconductor Devices with Heat Flow Trough a Single Path", November 2010

2）MIL-STD-883E, METHOD 1012.1, Thermal Characteristics of Integrated Circuits, November 1980

3）JESD51-1, "Integrated Circuits Thermal Measurement Method-Electrical Test Method", December 1995

4）Szekely, V, Identification of RC networks by deconvolution: chances and limits, March 1998

5）https://www.plm.automation.siemens.com/global/ja/products/simcenter/t3ster.html

第10章

電子設計をフロントローディングするためには

電子製品の構想設計は最初に何をすべきでしょうか？　検討内容の１つが、各素子の温度許容範囲で動作させることです。電子機器で温度が大半であれば従来の伝熱設計は、試作ECUを製作して実験で検証することが大半です。順序としては、回路設計、素子の配置決定、アートワークと並行してきょう体を設計します。試作に入り、実装基板が完成し、ソフトウェアをインストールしてやっと動作し、熱検証の実験が可能です。その実験の一例として、駆動素子のジャンクション温度が保証値以内かどうか確認します。保証値以上になった時、きょう体での発熱対策を強いられ、開発期間が延び、コストアップにつながっていきます。多くの時間がかかり、対策が後手に回るような生産性が低い状態では、競争力は落ちてしまいます。本章では、業務プロセスの序盤として、解析技術を利用して集中的に完成度を高めた‘電子設計のフロントローディングG)’に必要なことを考えていきましょう。

10.1 フロントローディングのすすめ

無駄なコストを使わず、最適なモノづくりをするためには、プリント基板を設計する前段階の構想時に、許容温度範囲内で設計可能という仮説を出しておきたいものです。さらに設計変更による手戻りを削減し、工数を低減できるフローの確立が必要です。いわゆるフロントローディング化で、業務プロセスの序盤に集中的に完成度を高め、後工程の業務を軽減することです。これを実現するためには、実験データを基にして、学術的に原理に則って製品に起こる現象を明らかにすることです。その上で、活用できるようにノウハウが整備されていることと、それを補う設計ツールが必要になってきます。伝熱解析を自部署内で採用する以前は、試作の初期からECUで対象の温度を測定していました。その結果、半日費やす温度測定を実行するために、2〜3週間の準備期間が費やされてしまいます。しかも製品の完成までに試作は数回繰り返されますので、この同じ手順で準備、温度測定をします。

フロントローディングの1つのソリューションとして、伝熱解析の導入がターニングポイントとなりました。重要視したのは、電子部品の伝熱解析のモデリングが得意なSiemens製　Simcenter FloTHERM™を選択しました。12章で詳細を説明します熱抵抗測定装置のT3STERとの相性も良いので、実験と解析を連携する上では、業務上スムーズです。思い起こしますと導入当初は、**図10-1**のように解析と実験の業務割合は2対8でした。なかなか思うように進まないのです。それが2年後には5対5にとなり、5年後には9対1と伝熱解析が多く利用されるようになりました。そして重要な視点が、構想段階から熱検証のために解析を存分に使えるようになったことです。ある特定の条件下の試算になりますが、実験での設計検証から伝熱解析へ移行することで、78％の費用を削減でき、62％の開発スピードを向上しています。判断は伝熱解析、実験の役割は最終確認へとシフトしていったのです。このようにするためについては、次章で説明いたします。

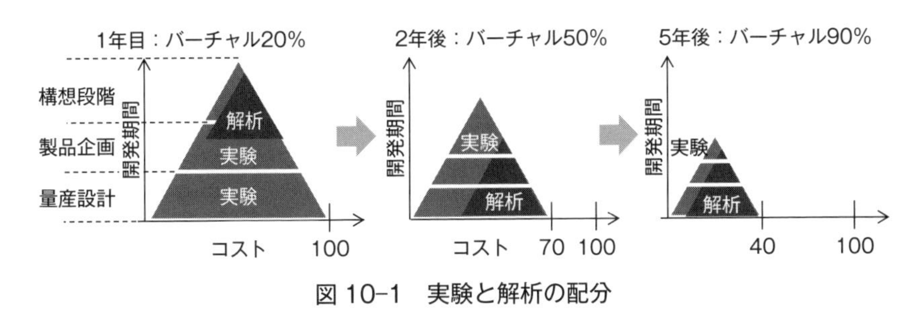

図10-1　実験と解析の配分

フロントローディング推進のためには、実験と解析で比較して、乖離が少ない高精度な伝熱解析技術を目指す必要があり、そのためには**図10-2**で示す3要素の構築が必須となります。

1つめは、寄与する支配的な物性値・設定値を検証し、徹底的に合わせることがミソになります。精度に寄与する要素を検証し、徹底的に乖離をなくしていくことを見逃してはなりません。具体的には、物性値は実際に測定してみることが重要です。自動車業界で大半に使用されているアルミニウム合金ダイカストADC12の熱伝導率を例にしてみましょう。アルミニウムを主成分とする

正確な入力値

材料の物性値

人材

電子、機械、解析者
の分担分け

高精度な解析

素子ごとの電力把握

図10-2　高精度な解析技術の確立のための要所

合金のため、鋳造メーカ毎で少々材質の量が異なります。一般的な文献等に掲載されている熱伝導率は90～100 W/m･Kの範囲をよく見かけます。しかしながら、実際にいくつかの量産品のADC12の熱伝導率を測定すると107～139 W/m･Kでした。約10～30％ほどの乖離があります。このため、高い精度を追求する場合には、部品や部材を個々で実測するという地道な作業が必要になってきます。もしくは、測定誤差を定義した上で、入力情報の設定方法についてルール化するのもよいでしょう。

2つめは人材です。電気、機械及び解析設計者の分担分けです。発熱量を検証する電気回路やプリント基板設計がわかる電子回路設計者、放熱を検証する機械構造設計がわかる機構設計者、そして熱技術がわかる解析者、それぞれの専門家の連携体制を構築することです。熱技術は前述してきているとおり、機械系技術者の分野だけでなく、電子技術者の半導体分野が必要であり、解析においてはさらに解析技術能力を持ち合せたチーム連携が必要といえましょう。

最後の3つめは、高い精度の解析を構築することです。極めて工数がかかることになりますが、この手間が大事で、既存の製品を活用するなどして、一度想定と真値の乖離を明らかにすることが重要です。そしてその経験を持って考察材料とし、新たな設計対象となる開発用のECUの電力を想定していきます。先述したECUの既存回路は算出結果を流用し、新規に追加される回路はバラック基板で組み立て、電力を測定します。これさえすればよいのです。早期の段階で開発用ECUについては、確度の高い解析モデルが誕生します。これで開発期間や開発コストの削減も期待できることになります。

10.2 伝熱解析導入の課題

伝熱解析を操作して、計算だけやっているのでは、必ずしも工数低減しないとよくいわれています。なぜでしょうか？　伝熱解析の分野は数値解析という専門分野のため、一般のハード担当設計技術者としては、高度な解析技術が要求され技術習得には負荷が大きく、業務効率低下に陥りがちです。伝熱解析の遂行には解析の操作技術の他に、対策の考察の糸口となる伝熱工学の知識、そして製品の知識が必要です。このような幅広い技術が要求される中で、効率的な解析体制を構築するためには、解析事例の積極的な展開や、技術者・オペレータの専任化によるグループ体制の業務推進により技術修得のハードルを低くすることが必要です。専門技術が必要な深いところは専任者に任せ、設計者としては、伝熱技術の浅いレベルを技術習得すれば、組織全体の効率が上がります。

一方で、社内組織に対して解析の導入効果を定量的に明らかにすることが難しいこともあり、設計の工程に導入しにくいことがあります。重要な課題は、モデル作成プロセスを標準化し、伝熱解析を組み込むことです。そのためには、設計者の負担にならないようスムーズに業務できるような工夫が必要です。例えば、モデル作成のプロセスとして、作成作業の自動化、モデリング方法を標準化、物性値や部品情報のライブラリ化することです。このような業務をタイムマネジメントして、レビューする会議を取り入れて、ルーティン業務にしていくことで、業務の完成度を上げていきます。

解析業務のプロセスを構築する上で、はまりやすい課題を以下に挙げておきますので、参考にしてください。

① 解析の工程と結果を理解できる方が承認できるようにし、組織で管理できるようにする

② 管理職が解析技術の認識不足になりがちで、的確な判断ができず、めど立てで終わらないようにする

③ 設計者の独学が多い技術であるため、設計関係者全体の解析知識不足にな

らないようにする

④　担当者の判断となりやすいため、設計判断を制定しておく

⑤　依頼手順、報告手順が確定されてないことが多いため、効率が低くならないようにする

⑥　利用したい人への教育制度を充実させる

10.3　伝熱設計の時間領域によって設計内容が変わる

電子機器の伝熱解析には、定常と過渡（非定常）の領域で考え方が大きく異なります。**図10–3**において、縦軸は放熱効果、横軸は時間を表しています。電子機器の発熱源は半導体のジャンクションになります。正確には、MOSFETはジャンクションではなくチャネル部で発熱します。便宜上、MOSFETの場合でも呼び方としてはT_{j}を用いる場合が多いです。そこから伝熱によって、半導体の端部、プリント基板に到達する時間は、約100 msです。きょう体へ到達していくのは、約1 s以上の時間がかかります。

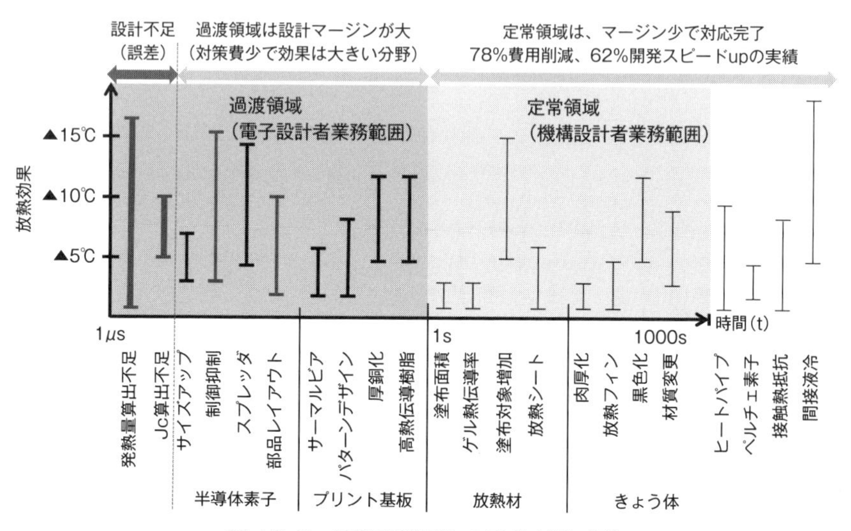

図10–3　時間領域ごとの発熱対策手段

図10–3を例にして、時間領域で業務が異なることを説明します。1s以上が定常領域の機構設計分野として考えてみますと、よく利用する対策方法は第5章で示したような、放熱材による伝熱や、きょう体で放熱促進の対策をすることになります。この領域はいわゆる機構設計者の業務範囲といえ、定常伝熱解析で設計判断できます。

1s未満の発熱対策については、過渡領域であり、プリント基板、半導体技術の電子技術設計者の業務範囲といえます。この時間領域では、第4章で解説したようなプリント基板上の設計になり、プリント基板上の対策を検討することとなります。基板の厚銅化や、高熱伝導樹脂にすることで、熱伝導を良くし、熱拡散がしやすくします。一方で、素子のレイアウト設計は、伝熱設計において効果的です。これは、素子の配列を変えるだけで、10℃程度の温度低減が見込まれます。しかも、追加の発熱対策部品を使わないため、設計費のみで製品コスト上昇はありません。そのため、この温度低減を目的としたレイアウト設計は、最初に伝熱解析で検証しましょう。その他は、素子のサイズアップやスプレッダを付ける方法が考えられます。制御の抑制を最後に考えていきましょう。駆動周波数を下げると発熱量が下がるため、温度は緩和していきます。顧客と一緒になって、電子制御を検討していくのが、電子設計者の役割であり、あるべき設計といえるのです。立ち行かない場合は、制御の抑制を最後に考えていきましょう。他の章で説明いたしますが、このような過渡技術ができるようになると、ジャンクション温度の算出や、発熱量の算出不足を解消できるようになり、設計マージンを多く持たなくてもよくなります。よく擦り合わせ技術と良いようにいわれますが、どちらかというとこのような不明確な点が多いことから擦り合わせしなければならないというのが現状です。過渡技術を丁寧にすることでスペックはしっかり決まり、てきぱきと設計ができるようになるのです。

一例として、熱関連の業務時間について、設計検証では部品の選定時間やOEMとのすり合わせ時間が400hかかっており、評価検証では温度測定や回路設計の検証実験が60h程度かかます。温度測定から伝熱解析へ業務形態を改革していくと、これらが数10hで終わるようになるのです。

10.4 仮想技術のプロセス改革のコツ

電子機器の伝熱設計に伝熱解析を広めることができた経験より、3つのコツを紹介します。

1つめは、プリント基板のアートワーク設計よりも前に伝熱解析を実施するよう制定したことです。理由は、ある程度アートワーク設計が進み、素子配置を仮に決めて、解析を1日実施した結果で判断できるからです。設計者の設計作業工程の期限に合わせて伝熱解析の結果を出すことで、アートワーク設計の完了前に部品のレイアウトを設計変更でき、隣り合う部品同士での温度干渉を抑えられるようになります。この効果は大きいです。いくら筋の良い伝熱解析ができても、OEMへの納期に間に合わない工程は受け入れられません。これを実現するためには、プリント基板のモデルにおける部品レイアウト座標の正確性、適正な発熱量の入力、正確な部品物性値の入力といったモデル作製作業の段取り・確度では妥協せず、同時に1解析当たり8時間以内で計算を完了できるようタイムマネジメントを徹底します。要するに、1日のうちに電子部品の発熱量を最大値と平均値とした場合について計算し、設計判断ができるようにしたのです。

伝熱解析導入前は、各実験机に1台の恒温槽を設置し、この段階の試作品で、評価のトライアル&エラーを繰り返しては、設計変更により余分なコストが出ていくのが常でした。伝熱解析導入後は、実験に利用する恒温槽の数を90%以上削減することができています。これらの設計プロセスを示すことで、電子設計者には自然と伝熱解析が広がっていくようになります。

2つめは、電子設計と機械設計の両セクションと協調して伝熱設計を推進したことです。伝熱解析を行う上で、基板上の熱源である電子部品の情報が非常に重要です。その情報を得るために、まずは発熱側の回路設計をする電子設計者とコミュニケーションを取ります。さらに、様々な設計情報を整理して構造物を設計します。放熱側の機械設計者とも連携します。つまり、伝熱解析の担当者が電子設計と機械設計の間に入って、作業を実施します。

3つめは、当初から実験のみのトライアル&エラーでは、設計が間に合わず、いずれ実験を置き換えることができる解析技術が必要になると考えました。この高精度を実現するため、実験値と伝熱解析による計算値の温度誤差が10％以内であることと、基板上の温度分布について、サーモグラフィの画像と解析のコンタ図と比較して傾向が一致することを目標に定めています。

具体的に、**図10-4**のように、あるECUについて伝熱解析による温度分布と実測値（サーモグラフィ）を比較してみましょう。

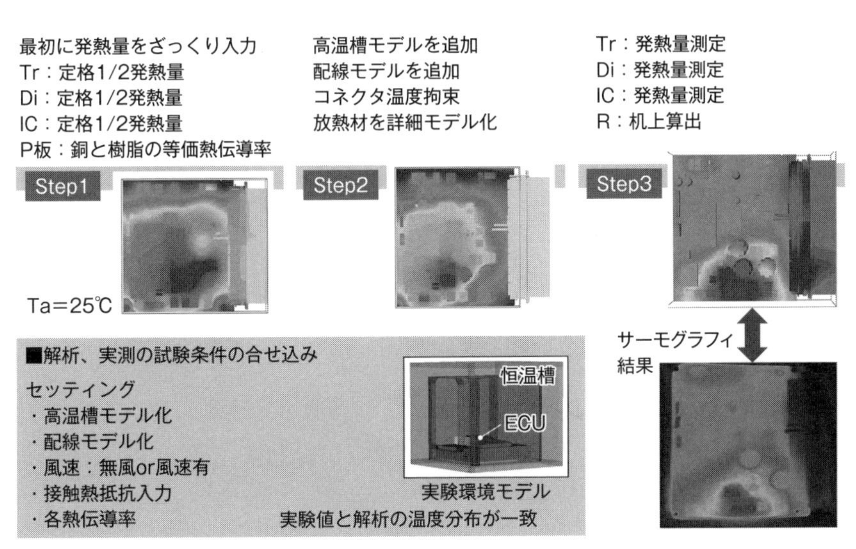

図10-4　定常解析におけるセッティングの差異

Step1は、ざっくりと定格発熱量の1/2として入力した伝熱解析の結果です。解析条件として、プリント基板は銅層分と樹脂層分の等価熱伝導率を入力しています。その結果、分布や温度は実験値に対して著しく乖離しています。Step2では、プリント基板層を表面の層だけ、実際のパターンをモデリングしてXY方向に熱伝導の指向性を持たせ、きょう体へ放熱するための放熱材を詳細にモデリングしてZ方向の熱の流れを表現しました。さらにStep3では、発熱電子部品の電力測定を実施して正確に発熱量を入力しています。このように、解析の条件を現実に近づけていくことで、実測と解析の温度および温度分布が近づいていくことがわかります。解析の精度向上に向けては、条件の正確な設定が欠かせないのです。

[参考文献]

1）「次世代パワー半導体の熱設計と実装技術」シーエムシー出版（2020.1）

第11章

定常伝熱解析のモデリング技術

11.1 仮説を立てる

“モノづくり”では実機による品質評価実験が重要なのはもちろんですが、これに頼ってばかりではコスト削減や開発期間の短縮は望めません。パソコンの高速化に伴って急速に進歩する解析技術を利用した伝熱解析（熱流体解析）により、開発の早い段階で伝熱設計を検討できるようにする必要あります。ただし、実験と伝熱解析の振る舞いが一致しなければ、設計の方向性や、目途立て程度の検証までにとどまり、量産設計での定常業務化は実現できません。すると、伝熱解析を利用しても期待できるほどのコスト削減や開発期間の短縮の効果を出し切れなくなってしまいます。

自動車に搭載される制御用コンピュータの製品設計では、プリント基板設計を始める前に基板内の伝熱設計が成立する仮説を立てることが必要です。最近では開発当初に製品の機能追加と小型化が要求されるのが常であり、結果として高密度実装が必要となります。この小型化要求に対して、回路設計者の頭の中では「今まで実装していた部品を全て搭載し、伝熱設計を満足しながら配線パターンを設計できるのか？」との不安が渦巻きます。

こうしたプリント基板設計の前段階で伝熱解析を活用すれば、放熱に関する課題を設計上流で取り除くことができます。例えば部品配置においては、隣接する部品から最大 10 ℃程度伝熱することがあるため、部品間隔を確保したり、プリント基板の表裏で電子部品が重ならないように配置したりするだけで数℃下がるということがよくあります。要するにきょう体で放熱対策を考える前に、電子回路設計者がプリント基板設計時点で熱マネジメントをする必要があります。これが実現できれば、後付けの発熱対策で生じるプリント基板やきょう体の設計の手戻りを大幅に減らすことができます。しかも部品配置を変えるコストはゼロなのだから、むしろ最初に取り組むべきです。

11.2 各工程に伝熱解析を組み込んでいく

伝熱設計のフロントローディングを実現するには、伝熱解析を各プロセスに組み込む必要があります。電子機器に向けた伝熱解析の業務範囲は、**図 11-1** のように構想段階、製品企画、量産設計、試作検証に分かれます。

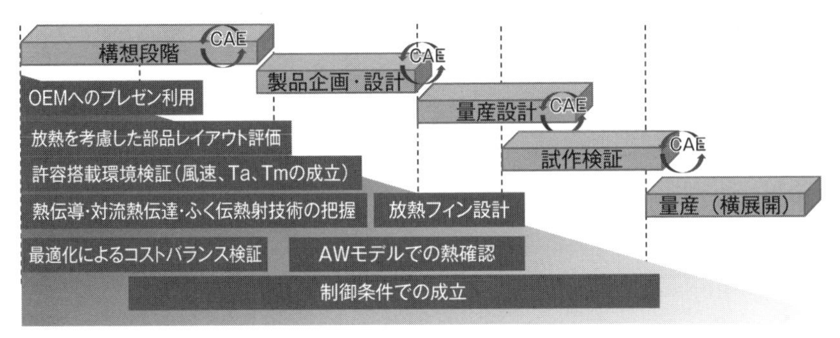

図 11-1　伝熱技術のプロセス改革

最初の構想段階における伝熱解析は、発熱対策に関して大きく影響します。電子部品を選択し、暫定的に検討した回路設計から発熱量を算出して、製品仕様が成立するかどうか判断します。また、解析結果を開発車両の ECU の仕様に関して自動車メーカー（OEM）とのすり合わせに利用します。例えば、どれだけの風速があれば ECU が冷却されるので仕様を満足できるとか、搭載環境での温度の影響をどのように想定しているのかといったことをあらかじめ検討できるので有効です。

製品企画段階では、未確定項目がある仕様書から詳細な回路を設計し、構成する電子部品を決定します。この際、伝熱解析を搭載環境の検討や、未定であった制御条件の検証、決定に向けて活用します。最適な放熱ルートを確保できるよう、数百の電子部品を解析に実装します。基板上のレイアウトや、きょう体設計を進めていきます。量産設計および試作検証段階では、OEM と最終仕様についてすり合わせる必要があり、検証に伝熱解析を利用します。

伝熱解析の効果を得る上で重要なのは、電子部品やプリント基板など、放熱に関係する必要な情報を収集し、放熱に関わる試行錯誤を伝熱解析で完結することです。その結果、実験検証を極限まで削減して開発スピードを早めることが可能となります。

一方で、伝熱解析の導入効果は部品選定から開発、設計工数、信頼性確認まで多岐に影響しますので、定量的には算出しにくいです。そのため、組織への理解を求めるにはかなりの労力がいります。設計者の立場から考えれば、通常の設計プロセスから伝熱解析の工程に余分な時間を割くのはうれしいものではないからです。

結局、伝熱解析を各設計開発プロセスに組み込んでもらうためには、伝熱解析の精度を向上させるしかありません。伝熱解析値と実験値とが一致すれば、伝熱解析の活用による効果が出やすくなります。加えて、工程ごとの設計者が喉から手が出るほど欲しいと思う解析業務となるよう、各設計業務プロセス内のジョブの 1 つに落とし込む。そこで量産設計での定常業務化に向けて、設計期間に合致したプロセスの構築が必要となります。具体的には①作業の自動化、②モデリング方法の標準化、③物性値や部品情報のライブラリ化を念頭に入れなければなりません。では、解析の精度向上に向けた対策を紹介していきます。

11.3　目的ごとにモデリングの手法を選ぶ

製品の実測値と伝熱解析結果には乖離がつきものです。伝熱解析の精度向上には、温度が乖離する支配的な要因を特定することが重要です。モデルを高精度化すればするほど乖離を抑えることはできますが、工数・解析負荷的に現実的に活用可能なモデルとならなければ意味がありません。そして、「高精度」と「簡素」という、トレードオフを見極めて適切なモデリングを構築していくことになります。また、初期の取り組みでは乖離について定量的に取り組み、標準化していくことが肝心です。

電子機器の熱モデリングでは大小の部品寸法のレンジの広さが第 1 の課題となります。電子部品の数 mm レベルから、プリント基板やきょう体の数百 mm

までと幅広く、メッシュの粗さをどうするかが問題です。メッシュを細かく切ると計算精度は高まるが時間がかかります。第2の課題となるのが、電子部品を構成する内部構造です。様々な材質や大きさの部材で複雑に構成されており、部品メーカーにとっては独自開発した材質・形状のため企業のノウハウとして、情報をほとんど開示しないケースが多いのです。正確な熱伝導率、比熱、密度などは不明であり、半導体の専門知識も必要となります。

こうした課題を解決しようと、**図11-2**のように、様々なモデリング手法が提案されています。MOSFETを例として、各モデリング手法の特徴を説明します。縦軸に精密さの度合いを表しており、点線の下部分は定常伝熱解析で利用し、上部分は定常伝熱解析と過渡伝熱解析が対応できるモデルになります。横軸は、モデルの流通性の良さで、右側にプロットしているほど、流通しやすいです。

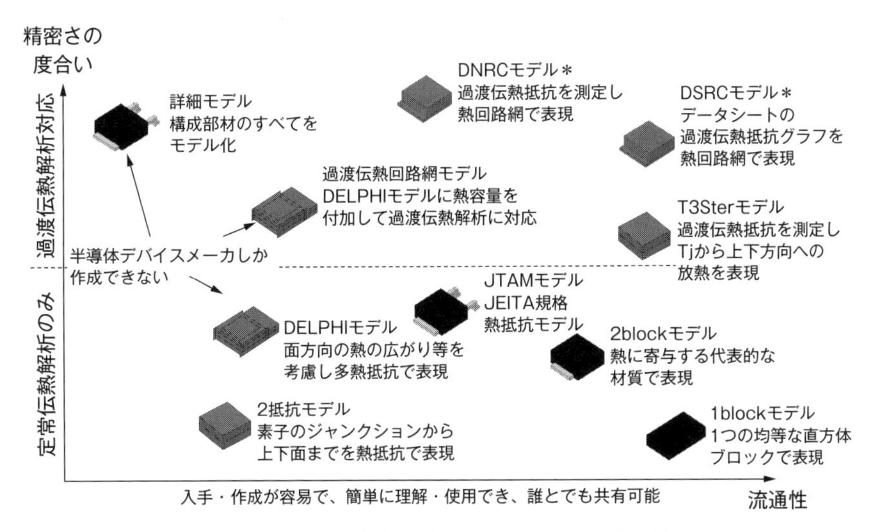

図11-2 伝熱解析用素子モデルのマッピング

(1) 1blockモデル

1blockモデルは、電子部品の最大外形の直方体としてモデリングするもので、計算規模を小さく抑えられるという利点があります。ブロック全体が一様に発熱していると仮定し、スプレッダとモールドの体積比より算出した等価の熱伝導率、比熱、密度を用います。伝熱解析により温度を取得するポイントは電子部品の中心としています。半導体チップ温度を意味し、半導体の絶対最大定格に利用される「ジャンクション温度（T_j）」を判定できる定義はないです。

(2)　2block モデル

2block モデルは、スプレッダとモールドによる2つの概念のブロックで作成します。計算規模は1block モデルに次いで抑えられる一方、ECU のように規模の大きい対象での精度向上を期待できます。スプレッダとモールドの物性値としてはそれぞれ代表的な文献値を用いており、発熱はスプレッダ上面に与えます。伝熱解析により温度を取得するポイントはスプレッダの上面中央としています。T_j の定義はないです。1block、2block とも比熱、密度は入力して過渡解析できますが、等価の熱抵抗・熱容量モデルとなり、素子各部位の温度表現はしっかりできないので、注意ください。

(3)　詳細モデル

詳細モデルは、過渡解析が可能であり、**図11-3** に示すように、内部構造情報に基づいて詳細にモデルを作製し、各構成部材の熱伝導率には文献値を用います。詳細モデルは精度が高い半面、計算規模が大きくなります。電子部品数が多い場合には適さず、比較的規模が小さいIC の要素技術開発などで活用さ

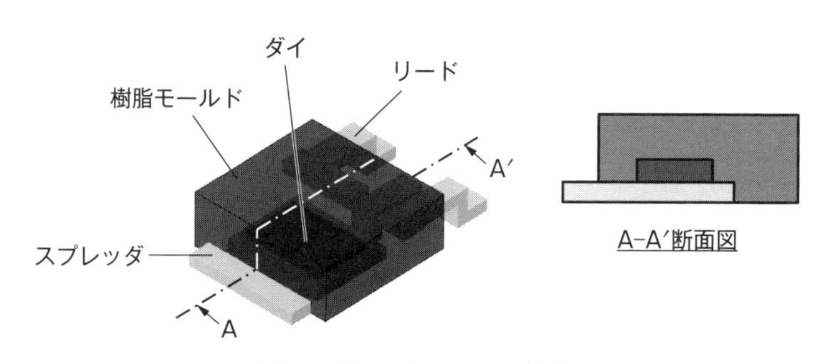

図11-3　MOSFET の構造

れる場合が多いです。半導体チップ上面に面発熱を与えてモデリングしていることから、半導体内部や周辺の熱分布を確認することや T_j を定義することが可能です。半導体メーカーから詳細モデルを提供していただくことがあります。注意すべき点として、各メーカーのモデリングの詳細度が任意のため、複数のメーカーの素子を比較検討するときは注意が必要です。高精度なモデルほど、解析をすると高温側になりやすいため、比較する場合、判断を誤る可能性があるためです。

(4)　JTAM モデル

これは詳細モデルを規格化した「高精度半導体パッケージ熱モデル JTAM」 JEITA 規格 ED－7803[1] で呼称しています。伝熱解析に用いられる半導体パッケージの熱抵抗モデルに関し、高精度を担保した詳細モデルの定義方法について制定されています。この適用範囲の半導体パッケージは、ダイパッド、ヒートスプレッダを有する構造の SC-62（TO-243）、SC-63（TO-252）、SC-83（TO-263）となります。定常解析に限定した使用を前提としています。

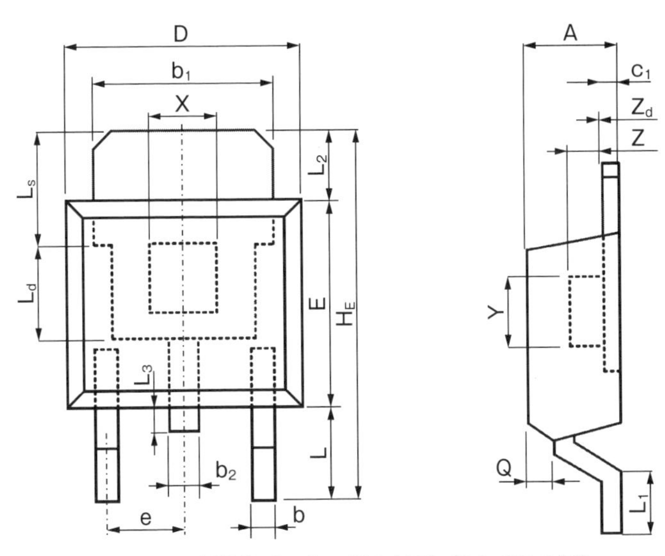

図 11-4　半導体パッケージの外形（SC-63 の例）

表11-1　JTAM必要パラメーター覧

	名称	コード	値	単位	備考
Group 1	パッケージ厚み	A		mm	
	リード幅	b		mm	
	スプレッダ幅	b_1		mm	
	センターリード幅	b_2		mm	
	リード厚み	C		mm	
	スプレッダ厚み	C_1		mm	
	パッケージ幅	D		mm	
	樹脂部長さ	E		mm	
	リードピッチ	e		mm	
	パッケージ長さ	H_E		mm	
	リード長さ	L		mm	
	リード接触部長さ	L_1		mm	
	スプレッダ凸部長さ	L_2		mm	
	センターリード凸部長さ	L_3		mm	
	リード樹脂上面間隔	Q		mm	
Group 2	ダイパッド幅	b_d		mm	
	ダイパッド長さ	L_d		mm	
	スプレッダ長さ	L_S		mm	
Group 3	ダイ幅	X		mm	(1)
	ダイ長さ	Y		mm	(1)
	ダイ厚み	Z		mm	(1)
	ダイアタッチ厚み	Z_d		mm	(1)
Group 4	ダイアタッチ熱伝導率	λ_d		W/mK	(1)
	封止樹脂熱伝導率	λ_m		W/mK	(1)
Group 5	ダイアタッチZ方向熱抵抗	Rth_da		$K \cdot m^2/W$	(1)

注(1)　セットメーカ側で入手が困難で、寄与率が特に高いパラメータ

なお、ボンディングワイヤ部にリボンワイヤやクリップなどを使用した半導体パッケージの一部については対象外としていますので、注意してください。

図11-4は、JEITA ED-7500B[2]で規格化された半導体デバイスの標準外形図

(個別半導体)、もしくは各半導体メーカーから公開されている外形寸法図をベースにしています。素子温度に寄与する最低限必要なパラメータとして、**表11-1**のように外形寸法、内部寸法及び各構成材料の熱伝導率を付加しています。表の注 (1) に書いてある、伝熱設計に用いる内部構造として、以下のような物性が必要になります。

・半導体チップの外形寸法（ダイサイズ）およびダイの熱伝導率
・ダイアタッチの熱抵抗、もしくはその熱伝導率と厚み
・封止（モールド）樹脂の熱伝導率

ただし、セットメーカーでは半導体の正確な材料や、内部形状といったデータの入手が困難なうえ、材料メーカーや半導体メーカーでさえ熱容量を把握していないことが多く、実現するのは容易ではありません。

(5)　DELPHIモデル

図11-5に示すDELPHIモデルは、詳細モデルからの派生モデルで、並列多

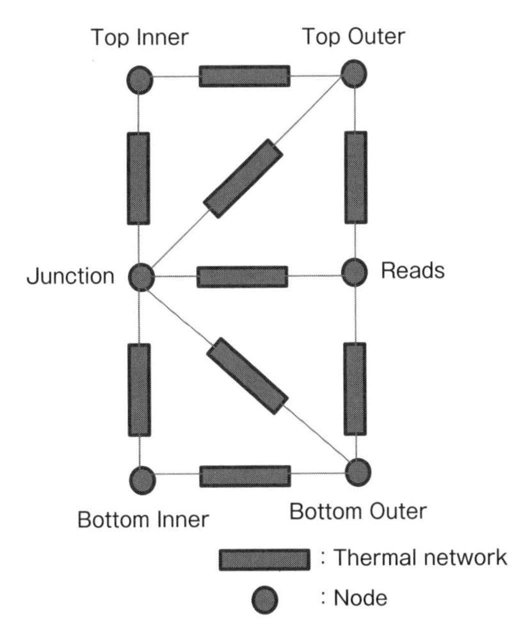

図11-5　DELPHIモデルのイメージ図

抵抗モデルです。パッケージ表面の面方向の熱の広がりやジャンクション（チップ表面）からパッケージの上下面への熱抵抗を与えます。計算規模はすこし大きくなるものの、T_{J}を定義できるという利点があります。

(6)　2抵抗モデル

2抵抗モデルは、DELPHIモデルと同様、詳細モデルからの派生モデルで、ジャンクションからケース上面と基板への2つの熱抵抗を表現したモデルです。計算規模はDELPHIモデルより抑えられるうえに、T_{j}を定義することが可能です。ただし、DELPHIモデルに対して熱抵抗が減った分、精度も低下します。

(7)　T3STERモデル

T3STERモデルは、T3STERの付属品のソフトウェアT3STER　Masterを利用して、過渡伝熱測定結果から熱抵抗、熱容量を抽出したモデルになります。

(8)　DSRCモデル

半導体メーカーからはデータシートの1つとして過渡伝熱抵抗グラフが提供される場合があります。これは半導体素子に単発パルスを加えた際に生じる温度上昇を電力で割って熱抵抗値を求め、その熱抵抗値をパルス時間ごとにプロットしたグラフです。このグラフに基づいて熱抵抗・熱容量モデルを作成し、T_{j}を計算できるようにしたモデルを「DSRC（Data Sheet of Resistance and Capacitance）モデル」と称します。このモデルはワーストケースを検討する場合に活用できます。データシートのスペックは所定のJEDEC規格に基づくため国内外の規格として成立しやすく、保証された3次元の過渡伝熱解析モデルとして利用しやすいのが特徴です。

(9)　DNRCモデル

基板上に実装された半導体を使って、JEDECで標準化されている方法に基づいて過渡伝熱を測定し、その測定値から作成したモデルを「DNRC（Detailed Network of Resistance and Capacitance）」モデルと称し、設計上の代表値

（typical 値）として利用できます。MOSFET の製品ばらつきや実装環境の影響を反映したモデルで、高精度な伝熱解析を実現します。DSRC モデルと DNRC モデルについては、2022 年に JEITA で規格化を予定しており、第 12 章で詳しく述べます。

11.4　実測データが解析精度を左右する

伝熱解析の誤差を少なくするというと、モデルなどに気を取られがちですが、これと対となる実験検証側でもやるべきことがいくつかあります。まず、発熱量は温度に対する寄与度が大きいため、発熱量の測定、算出の確度を高めることが大切です。開発製品の構想段階において、変更がない回路部分は既存製品の設定を流用すれば良いでしょう。新規の回路および制御部については、回路

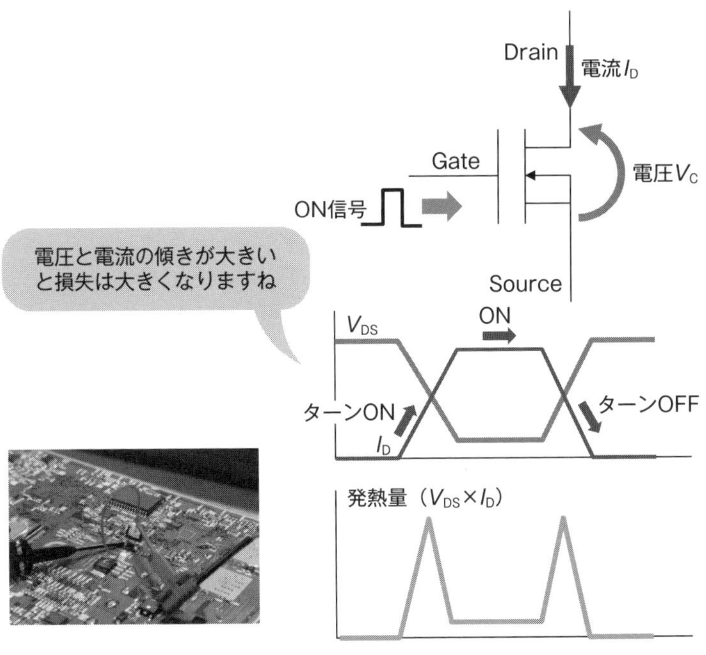

図 11-6　発熱量のプロービングとオシロスコープの測定方法

解析などで算出するか、もしくはテスト基板で作った新規回路の消費電力を測定します。

例えばMOSFETの電力を測定する場合、**図11-6**のように差動プローブで電位を測定し、電流プローブで電流を測定して、発熱量を検証します。そして、駆動周波数の高速化によって、MOSFETのオン/オフが切り替わる際のスイッチング損失による発熱量が大きくなっており、注意する必要があります。

伝熱解析環境と実機環境を合致させることも重要です。外部環境の温度が伝熱解析の誤差となりますので、実測する環境の温度は必ず精度良く測定しておきます。また、実験によく使う恒温槽やワイヤ配線などについて、実機の物性値を解析に入力することで精度を上げることができます。恒温槽の内槽は、境界層になるため、熱伝導率や放射率を入れておくようにしましょう。ワイヤ配線は、熱伝導率を実際のワイヤと一致するようモデリングしておくとよいです。

[参考文献]

1）JEITA 規格 ED-7803，高精度半導体パッケージ熱モデル　JTAM
https://www.jeita.or.jp/japanese/standard/book/ED-7803_J/#target/page_no=5
2）JEITA 規格 ED-7500B，半導体デバイスの標準外形図（個別半導体）
https://www.jeita.or.jp/japanese/standard/book/ED-7500B/#target/page_no=1

第12章

過渡伝熱解析のモデリング

エンジンECUが搭載されるエンジンルーム内の温度は、100℃を超えます。MOSFETなどの半導体が性能保証範囲、長期信頼性を含めての故障の可能性がある温度保証上限は、ジャンクション温度（以下、T_j）で150～175℃とされており、温度上昇をこの閾値以内に抑える必要があります。先進的な自動運転などを含めた統合車両制御では、kHz帯からMHz帯での高周波駆動の回路が要求され、過渡伝熱による温度上昇が課題となります。例えば、図12-1のように制御により高速駆動して発熱する半導体は、スイッチング損失が生じる単位時間当たりの回数増加により、高温になります。

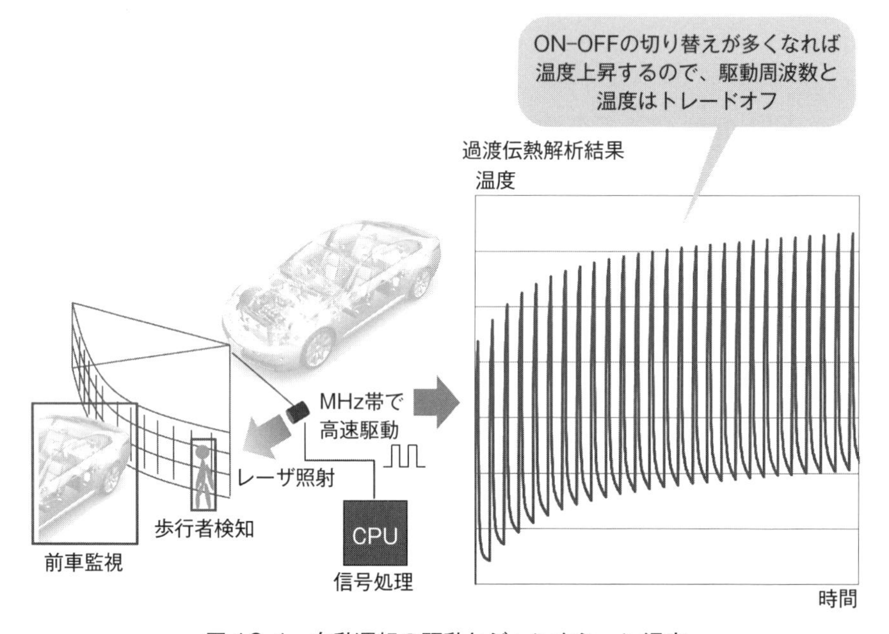

図12-1　自動運転の駆動とジャンクション温度

1回のスイッチングで温度の上昇下降を繰り返し、スイッチングを続けると、平均温度も上昇します。駆動周波数の是非を検討するためには、1回のスイッチングにおける短時間の温度上昇を精度良く見積もる必要があります。そうすれば、上昇する平均温度に問題ないかを確認でき、瞬間的にT_jを超えることがないかも判定できます。さらにスイッチングを止めれば過渡的に温度が下がるため、制御をどこまで緩和すればよいかを検討できます。これは、ECU設計技術者にとって、非常に強力な武器になります。例えば、過渡伝熱解析を利用することで、自動車メーカーから要求される制御仕様のOK/NGの判断は、タイムリーに報告できます。

このスイッチング損失による発熱には、回路のターンオン/オフ時間が寄与します。また、発熱を正確に見積もるには、熱の時定数 τ の精度が必要であります。発熱の大きさに関わる熱抵抗と、時間に関わる熱容量の把握が伝熱設計のポイントとなります。ただし、従来は温度が上昇しきった、定常状態に対する伝熱解析（定常伝熱解析）を行うケースが多く、回路駆動している過渡時の時間変化に応じた過渡伝熱解析は少ないです。理由として、過渡伝熱解析には半導体内部の正確な寸法や熱伝導率・比熱・密度といった物性値が必要です。これらの情報は、半導体メーカーのいわば競争領域に関する情報であるため、入手が難しいという課題がありました。今回は、こうした課題を回避しつつ、過渡伝熱解析を実現する方法を紹介します。

12.1　素子モデリング別での過渡伝熱解析

定常伝熱解析のモデルに熱容量を追加し、**図12-2**のような方形波の電力波形を入力して、伝熱解析を実施し、温度上昇について解析してみましょう。

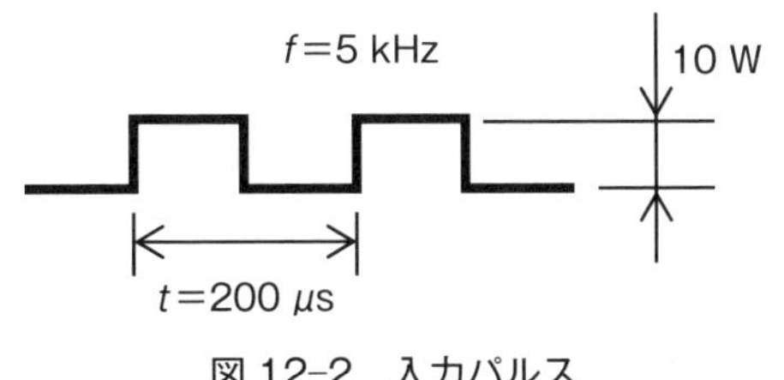

図12-2　入力パルス

MOSFET を 1 つの立方体で表現した 1 ブロックモデルと、樹脂部と放熱フィン部のスプレッダに分けた 2 ブロックモデルは、内部情報を表現した詳細モデルと比較すると、T_{j} は入力波形に対して温度の追従性が悪く、ピーク温度が低い結果となります。極端な例が、1 ブロックモデルでの解析結果です。簡易化した立方体に熱容量を入力するので、実際の単位体積当たりの数字が小さくなってしまい、時間が経った定常時になれば、温度が上昇するものの、1 ms 時点だと温度上昇幅が 0 ℃になっています。1 ブロックモデルと 2 ブロックモデルは簡易化に重点を置いたモデルであり、半導体チップが表現されていないことに起因します。チップなど詳細に表現すれば、各部位に正確な熱容量を入れるので、現実の温度上昇の表現に近くなります。

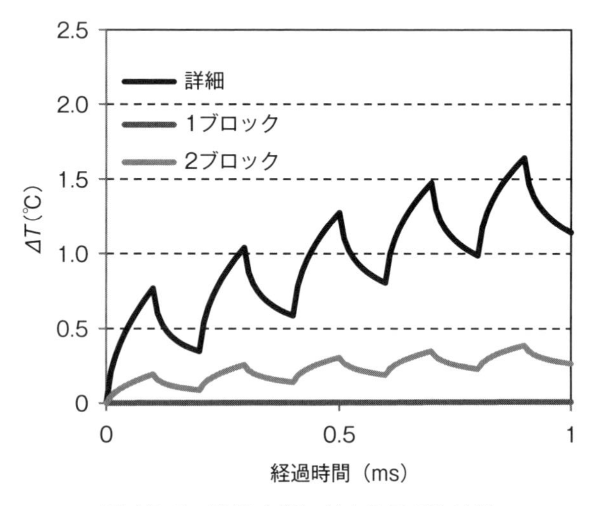

図 12-3　過渡応答に対するモデル比較

これらのモデルでは半導体素子 1 部品当たり、または大まかな内部構造当たりの体積で熱容量を均一化しています。つまり、実際の半導体チップの熱容量は小さく温度上昇が早いのに対して、これらのモデルでは熱容量が大きいモールドなどで平均化します。単位体積当たりの熱容量が大きくなり、温度上昇に時間を要する結果となります。一方、詳細モデルでは内部構造の部位ごとに熱伝導率、比熱、密度を入力してモデルを形成しており、温度勾配が表現できます。

チップが表現されないモデルを用いる一因は、半導体メーカーが公開しているデータシートではチップ寸法が開示されない点にあります。半導体メーカーにとって、チップ寸法はコストに影響する事項であるため、開示しないことが多いです。ただし、このような過渡伝熱解析未対応のモデルを用いて設計判断すると、温度を低く見積もりがちとなります。設計品質を確保する設計にはあまり向きません。

では、過渡伝熱解析にはどのようなモデルを利用すべきでしょうか。過渡計算するための取り扱い上の課題は3つあります。1つめは、電子回路の制御により半導体デバイスの発熱量は瞬時に変化するため、伝熱設計のクライテリア（判断基準）の1つである T_{j} について、μsあるいはms当たりの過渡温度算出を可能とする半導体のモデリング手法が必要であることです。特にμsオーダーの非常に短い時間の現象を計算する場合には、より微細な形状のモデリングを必要とします。2つ目は、伝熱解析でよく利用されるDELPHI規格の熱抵抗モデルは熱容量を考慮されていません。規格内に熱容量を付加する方法がなく、過渡応答の解析に対応できないからです。3つ目は、半導体のパラメーター入力情報が多く、計算負荷が増加します。定常伝熱解析は熱伝導率と形状のみを入力すればよいのに対して、過渡伝熱解析の場合はさらに比熱と密度を加える必要があります。

12.2　課題解決のためのモデリング手法を開発

先に述べた3つの課題を解決する半導体デバイスのモデリング手法を開発しました。ポイントは、従来の半導体の内部構造や内部物性によるモデリングとは異なり、時間の経過でどのように温度が上昇するかが計算できる「過渡伝熱抵抗特性」のデータ、もしくは米Siemens Digital Industries Softwareの熱測定器「T3STER」による過渡伝熱測定データを利用し、過渡時間応答の振る舞いをそのままモデリングする点です。このモデルは、熱抵抗と熱容量からなる熱回路網で定義されます。熱回路網は電子回路網と同様に計算できるため、電子回路の解析ソフトウエアへのインポートが可能です。また、半導体メーカーにとっては、詳細な内部情報を提出しなくてもよいために開示のハードルが大幅に下がり、業界内でのモデル流通が容易となるメリットがあります。このモデリング手法を使えば、ECUの伝熱設計において回路動作と熱検証が一体となった過渡伝熱解析を実現できます。さらに、手計算でT_jを求める際に電力波形を矩形波で置き換えるといった、簡易化に起因する過剰なマージンや計算誤差を抑制し、設計妥当性の検証が可能となります。特に、過渡伝熱解析を通常の設計開発工程に加えることができれば、時間変化を考慮しなければならないマージン設計から解き放たれ、最適解による設計と品質を達成でき、ひいては手戻りがなくなることで開発スピードを改善できます。

過渡応答を熱回路網化できるということは、車両制御を検証する際、ECUの電子制御応答を検討すると同時に、課題である半導体の熱も併せて検討できることになります。これは自動車メーカーとECUのサプライヤーが、共通の過渡伝熱モデルを活用して検討できるということを意味しており、電子部品の熱検証と制御検証同時に実現するための基盤技術となるでしょう。

12.3　2種類の過渡伝熱モデルDSRCとDNRC

今回の紹介する素子の過渡伝熱モデルは、熱抵抗（resistance）と熱容量（capacitance）にちなんで「RCモデル」と名づけています。RCモデルでは、計算負荷を抑制するため熱回路網モデルを採用します。これにより微細な半導体チップやアタッチ材、複雑なリード形状などを再現する必要がなく、非常に単純な形となります。ECUの解析では実装基板上に数百程度の素子がモデリングされるため、計算負荷抑制の効果は大きいです。**図12-4**のように、RCモデルの作成方法は2つあります。

1つは、半導体のデータシートに記載されている保証値である過渡伝熱抵抗グラフをもとに作成するDSRC（Data Sheet of Resistance and Capacitance）

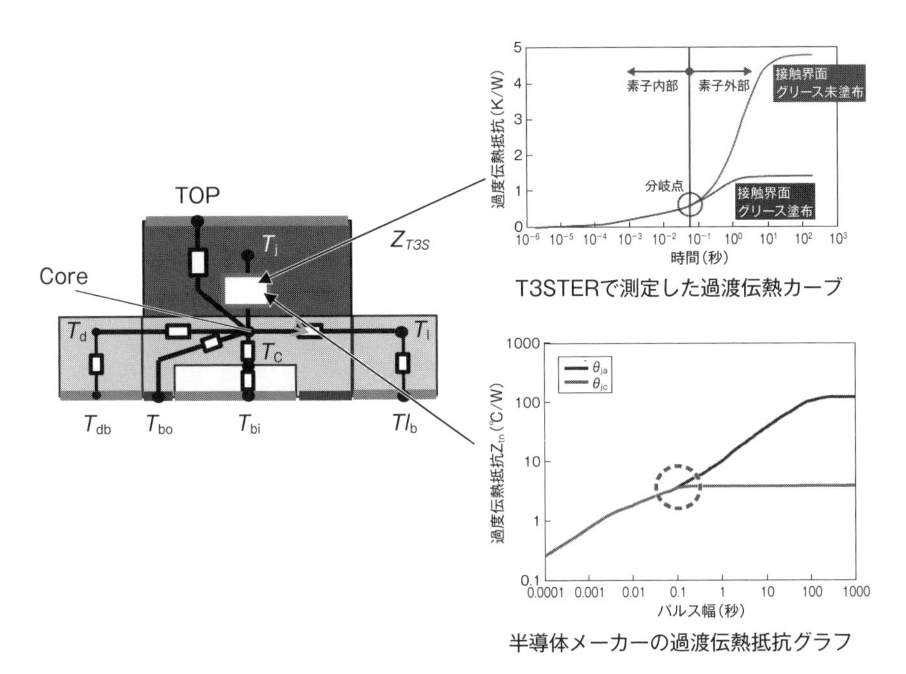

図 12-4　2つの RC モデルの概要

モデルです。このモデルは、現物の半導体がない構想段階や、電気的特性の品質を検証する設計段階に用います。DSRC モデルは、ワーストケースの検証に利用できます。利用するデータは、半導体メーカの保証値である過渡伝熱抵抗グラフのデータを利用して作成するモデルのため、T_j温度がメーカー保証値に入っているかどうか、セットメーカーが確認する用途になります。

もう1つは、T3STER で実測したデータを活用した過渡伝熱モデルです。T3STER で実測した過渡伝熱抵抗と一致するようフィッティング（合わせ込み）したモデルで、DNRC（Detailed Network of Resistance and Capacitance）モデルと称します。それは、Typical 値として利用できるモデルで、MOSFET の製品ばらつきや実装環境の影響を反映しています。高精度な伝熱解析を実現した、過渡伝熱抵抗を実測により取得したモデルです。

DSRC モデルは、基となるデータシートの測定方法について、**図 12-5** に示す JEDEC 規格 JESD51-2A に準拠した環境モデルで測定されることが一般的

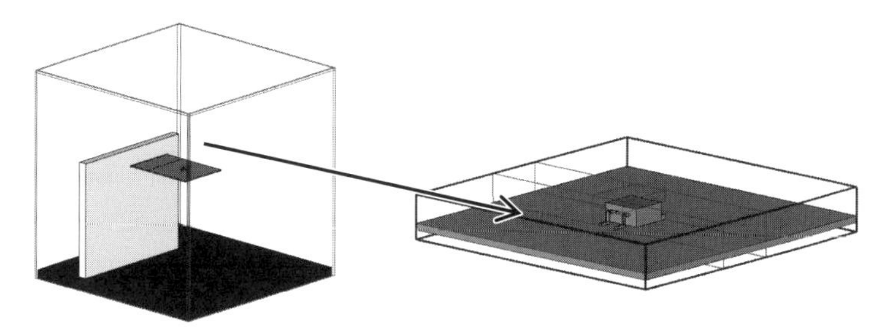

図 12-5　JEDEC 環境モデルイメージ図

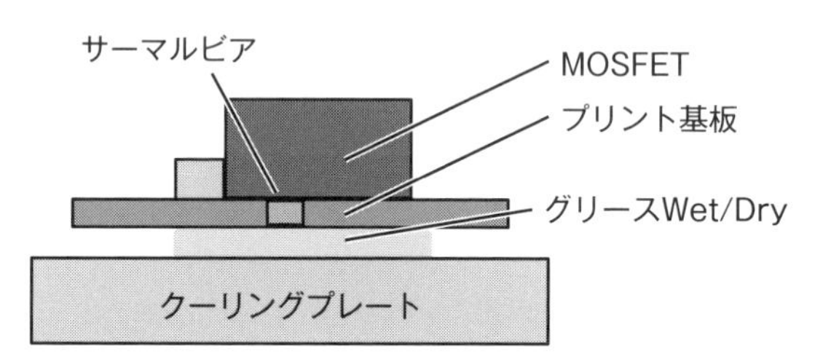

図 12-6　JEDEC TDI 測定法のセットアップ

です。DNRC モデルは、**図 12-6** に示す JEDEC 規格 JESD51-14 による TDI 測定法に基づく実測値を用います。JEDEC は米国の業界団体であり、電子部品の標準化を提案し、規格を定めています。どちらのモデルとも、国際的に利用されている JEDEC 規格を基盤としているため、国内外の規格として成立しやすく、保証された 3D の伝熱解析モデルとして利用しやすいです。

一方で、解析と実験の一致を確認するには測定データが必要になります。DSRC モデルは半導体メーカーの保証データで作成するモデルであるため、マージンが上乗せされており、実験データと特性が一致しない場合が多いです。解析と実験の確からしさ・妥当性を検証するには、実験による T3STER データを利用した DNRC モデルが必要です。

12.4 モデルの作成方法

DNRC/DSRC モデルはいずれも、プリント基板やはんだなどの素子の境界面部分について、熱回路網抵抗値と容量が実測値と合致するように、最適化ツールを用いてフィッティングして完成させます。イタリア ESTECO 社の多目的ロバスト設計最適化支援ツール「modeFRONTIER」などを用いた、同モデル生成の主要ステップを参考に以下に示します。

①過渡伝熱抵抗を入手 (12.5)
②過渡伝熱抵抗から熱抵抗と熱容量を算出 (12.5)
③熱回路網の構造を決定 (12.6)
④入力変数と目的関数を定義 (12.7)
⑤過渡伝熱抵抗の測定環境をモデリングし解析ファイルを作成 (12.7)
⑥最適化ツールにて熱抵抗と熱容量をフィッティング (12.7)

次に、主要ステップについて解説していきましょう。

12.5 DNRC モデルでは過渡伝熱抵抗の測定が必要

「①過渡伝熱抵抗を入手」について、DNRC モデルの場合は T3STER を利用して過渡伝熱抵抗、熱容量を測定します。JEDEC JESD51-14[2]で規定されている TDI 法で定められた Wet 試験/Dry 試験（放熱グリースの有無）のように、対象とするパッケージ界面と環境との間の状態を意図的に変更し測定します。この際、**図 12-7** のように測定時に熱電対をスプレッダに取り付けて T_c を測定します。

T_D をモデルに組み込むことで、実機の測温試験と同等の測定箇所の温度をモデル上に表現することができます。このとき、T_D の測定に使用する熱電対は、種類、線径を製品の測温試験に使用するものと同一かつ、精度が良いものを使用することが望ましいです。熱電対からの放熱の影響度合いを同等とし、バリ

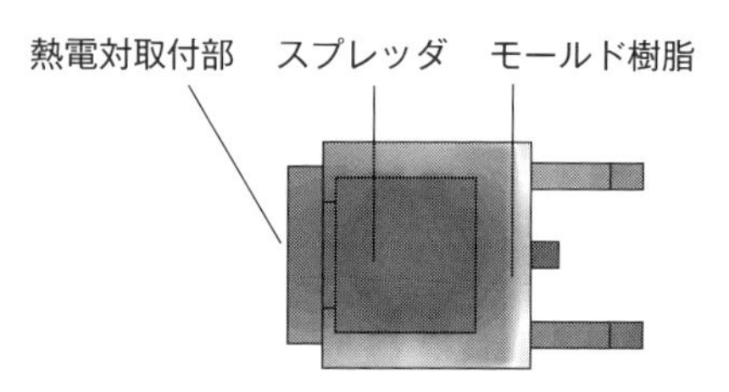

図 12-7　MOSFET の底面部

デーションを容易にすることができます。

DNRC モデルは、Wet 試験/Dry 試験により得られた過渡伝熱抵抗から、T3STER による測定結果に対する解析ソフトウエア「T3STER-Master」を使用して構造関数[3]を算出します。算出した構造関数は、パッケージ界面と環境との間の状態を変更したことにより、ある点から分岐します。この分岐点より、ある任意の熱抵抗だけ手前までの構造関数、つまり熱抵抗と熱容量を抽出します。

「②過渡伝熱抵抗から熱抵抗と熱容量を算出」についてです。DSRC モデルの場合、こうした手法での半導体と実装環境の切り分けはできません。ただし、半導体メーカーから入手する、**図 12-8** に示したような 2 種類の過渡伝熱抵抗

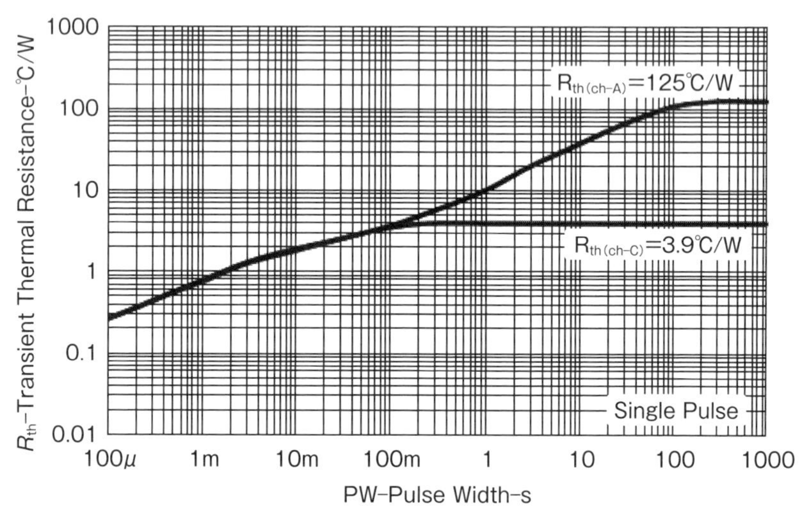

図 12-8　過渡伝熱グラフ

グラフから領域を分けることが可能です。例えばそのグラフでは、100 ms 時点で R_{th}(j–a) と R_{th}(j–c) が分岐し、R_{th}(j–c) が一定値になることがわかります。すなわち、それ以降 T_j と T_c の温度差が変化しないということは、ケース表面である T_c に熱が届き飽和したと推定できます。よって、R_{th}(j–a) と R_{th}(j–c) との分岐点以前の時間を素子の内部領域、以後の時間を実装環境の領域と仮定します。このうち、内部領域部分の過渡伝熱抵抗を利用します。

12.6 熱回路網の構造の決定

「③熱回路網の構造を決定」する一例として、**図 12–9** のように、MOSFET のパッケージでの RC モデルの熱回路網の検討例を紹介します。

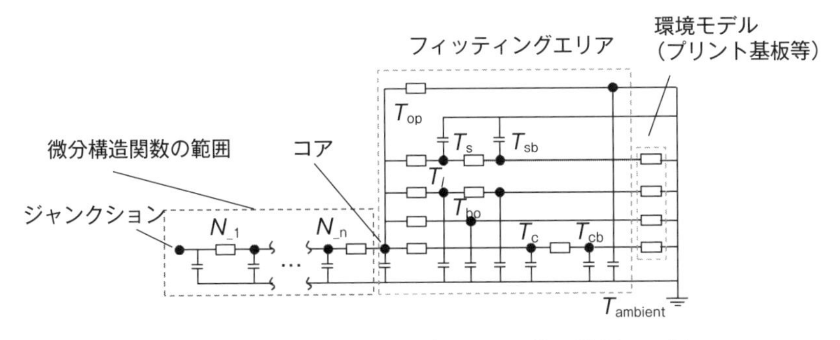

図 12–9　TO 系パッケージにおける熱回路網の一例

熱回路網は、抽出した熱抵抗と熱容量、つまり熱インピーダンスをそのまま使用する 1 次元の範囲と、フィッティングする 3 次元の範囲に分けます。DNRC/DSRC の 2 つのモデルには同じ熱回路網を適応させることができるのがミソです。

では、詳しく見ていきましょう。まず、分岐の数や分岐後のノード数については少ないほど最適化に要する時間を抑制できます。ただし、少なすぎる場合は最適解が存在しない可能性があります。分岐数は最低限「2」と仮定し、ノード数は複数のパターンを検証し解が存在することを確認して決定します。伝熱解析に使う3次元モデルの一部をT3STERの1次元モデルを表現させるため、MOSFETがプリント基板に放熱します熱回路網を追加します。実装基板状態で温度を測定する場合の例として、**図12-10**のように一般的なMOSFETでの3D断面模式図と熱回路網を使って説明します。

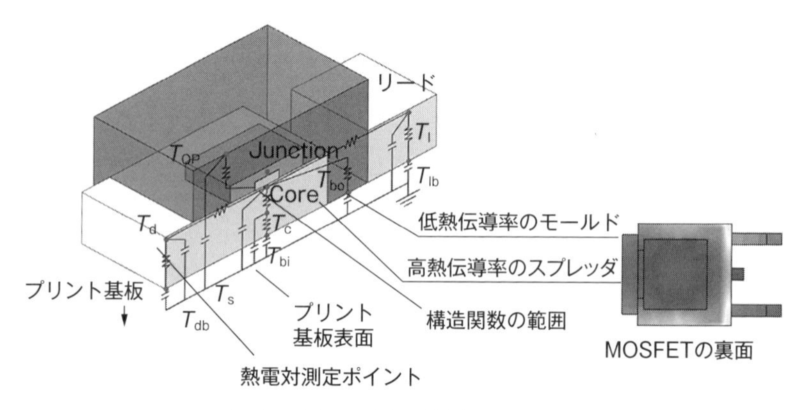

図12-10　FETの熱抵抗網ノード

モールドの下面にあるスプレッダに熱電対を取り付けます。それは、伝熱解析の結果と実験結果を比較する際に、両者の温度をモニターするポイントを一致させるため、スプレッダにT_dノードを配置するのです。このとき、T_dは基板接触面から放熱するため、接触部としてスプレッダの底面にT_{db}を配置します。

MOSFETの底面はスプレッダとモールドで構成されています。スプレッダは熱伝導率が高いため、チップの発熱が伝わりやすいです。一方で、モールドは熱伝導率が低くジャンクションからの発熱が伝わりにくいです。この結果、図12-5に示したような底面の温度分布ができます。1次元熱回路網モデルでは底面に分布を持たないため、こうした表現ができません。

そこで、図12-4の概念図のように、底面のBottomノードをBottom inner（T_{bi}）とBottom outer（T_{bo}）に分割します。JEDEC JESD51-1で、ケース温度T_cは半導体素子の作動部から、チップ取り付け部に最も近いパッケージ（ケース）の外面と規定されています。つまり、MOSFETのスプレッダ底面中

央が T_c にあたります。T_c をモデルに反映するため底面の内側に T_c ノードを配置します。Bottom ノードと同様に、基板への放熱経路であるリード部分のノードを T_l、リードの基板接触面を T_{lb} と規定します。伝熱解析でリードのモデリングの有無について温度差があるのは自明であり、リードからの放熱の正確さを再現できることが必要です。

また、C_{ore} ノードから T_{op} ノードへモールドの放熱経路を配置します。MOSFET が発熱する過渡状態である 0.1 s 時点の解析結果を**図 12-11** に示します。ジャンクションの発熱は熱容量の小さなチップを通過しスプレッダへ伝熱し、その後モールドを介して空気中に放熱されます。ジャンクション部の発熱は瞬時にチップ全体に広がり、各部品経由でそれなりの時定数をもって広がります。よって、モールドを表す T_{op} ノードはジャンクションではなく C_{ore} ノードを介して接続します。

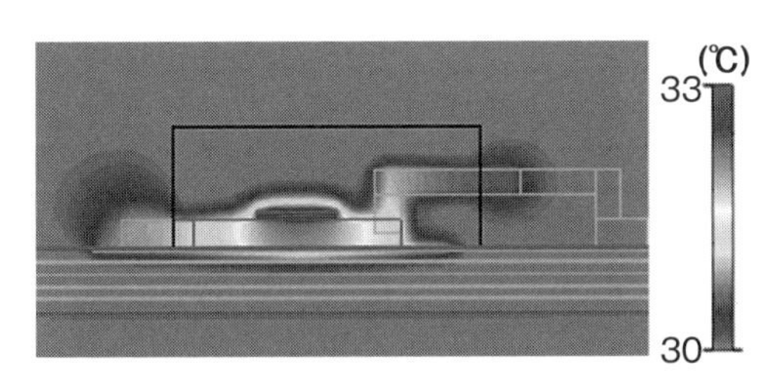

図 12-11　0.1 s 後の MOSFET の温度分布

12.7 フィッティングで実測に合わせ込んでいく

「④入力変数と目的関数の定義」について、入力変数は熱回路網の検討により決定しました熱抵抗と熱容量とします。なお、入力変数の上下限値は最適解が存在する範囲を含むよう、十分広くとる必要があります。目的関数は過渡伝熱抵抗の実測と解析との差分、または構造関数の実測と解析の絶対誤差などを選択します。フィッティングに使用する過渡伝熱抵抗の時間範囲は、パッケージ形状や RC モデルに求める精度に合わせて定義します。

「⑤ DSRC モデルは、過渡伝熱抵抗の測定環境をモデリングし、解析ファイルを作成する」にあたり、測定環境は**図 12-12** のように JESD51-2A4) に基づいてモデリングします。DNRC モデルは過渡伝熱抵抗を実測した際の環境をモデリングします。ただし、MOSFET の実装基板について明確な規定がないため、半導体メーカーは各々独自の測定基板を使用しており、詳細情報をメーカが提供してくれればよいのですが、実質的に入手困難です。この課題を解決するため、標準的な MOSFET の伝熱解析モデルを使用し、定常状態における R_{th} (j-a) がデータシートと一致するように、基板の等価熱伝導率をフィッティングし、銅箔と基材の比を逆算します。この結果を用いて比熱と密度を計算します。

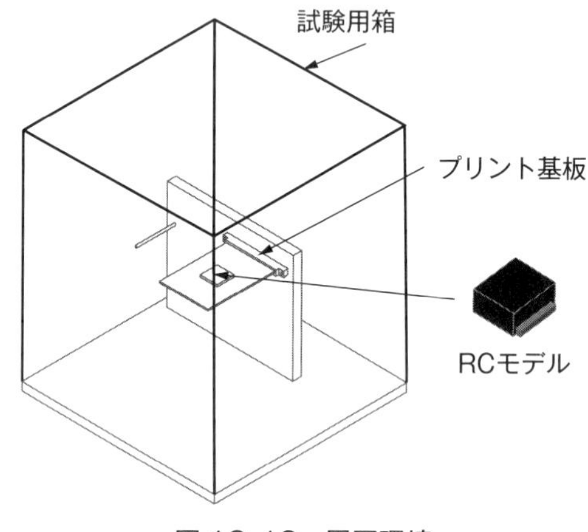

図 12-12　周囲環境

基板や RC モデル以外の解析モデルはフィッティング対象ではありません。そのため、過渡伝熱抵抗を実測した環境、例えば素子のスプレッダを温度固定するための冷却金属板（コールドプレート）や実装した基板などのモデリング精度が、RC モデルの誤差となり得ます。そこで、外部環境は可能な限り正しくモデリングすることが望ましいです。特に熱が流れる経路は、丁寧にモデル上で再現します。

次に「⑥最適化ツールにて熱抵抗と熱容量のフィッティング」についてです。最適化の実行には、最適化ツールとして mode FRONTIER を用いて実施しました。フィッティングの終了は目的関数の値から判断し、判定基準はパッケージ形状や、RC モデルに求める精度を基に都度定義します。過渡解析における解析精度を担保するために、最適化の目的関数を μs 領域、ms 領域秒領域に分けて最適化するとよいでしょう。

12.8 誤差平均 4.8 %のモデルを作成

以上の手法で完成した事例として、DSRC モデルを**図 12-13** に示します。伝熱解析時間の短縮のため、基板や半導体から空気中への対流熱伝達放熱は熱伝達率を与え、熱伝導解析で実施しました。

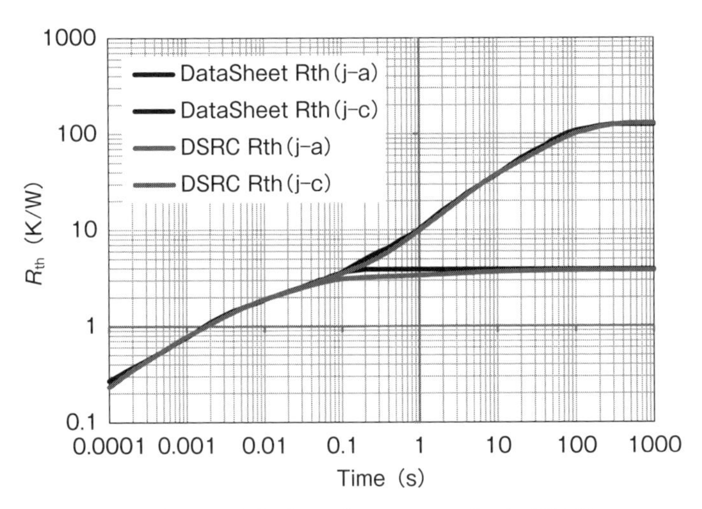

図 12-13　DSRC モデルのフィッティング結果

データシートの過渡伝熱抵抗に対して DSRC モデルの計算結果は、誤差平均 4.8 %となりました。各時間におけるデータシートに対する DSRC モデルの計算結果の誤差を**表 12-1** に示します。今回の例で、この程度の RC モデルの次数で近似した場合に、誤差平均 4.8 %ということです。データシートの情報から回路網を作っていますので、モデルを詳細化すればピタッと合う方向になりま

表12-1　各時間（パルス幅）での誤差

Time（s）	Error（Avg.）（%）	
	Rth(j-a)	Rth(j-c)
1×10^{-4}	2.9	2.9
1×10^{-3}	2.2	2.1
1×10^{-2}	1.7	6.2
1×10^{-1}	7.3	15.1
1×10^{0}	2.2	8.4
1×10^{1}	6.3	3.3
1×10^{2}	3.1	1.8

すが、モデリングにかける時間を考慮して作製してください。

誤差の計算には、表に示す各時間領域において全データを採用し、T_j と T_c の過渡伝熱抵抗それぞれのデータシートと伝熱解析の絶対誤差の相加平均とします。フィッティングにおける必要な範囲は、素子内部までの R_{th} であり、いわゆる R_{th}(j-a) と R_{th}(j-c) の分岐点まで処置をします。1×10^{-1} s 時の R_{th}(j-a) の誤差はプリント基板外の空間の部分になるため、メーカーで測定している外部環境と合わせ込めば誤差は減らすことができますが、データを利用する部分でないので、今回のフィッティングでは割愛しています。

以上のように既存の技術データを活用することで、保証データシートを利用したモデルと、実測値データを利用したモデルを定義し、過渡伝熱解析に対応した T_j 算出可能な素子モデルが作成できます。これまで半導体メーカーが提供するモデルは、過渡伝熱解析に未対応なDELPHIモデルや、比熱と密度が不特定な数値で作る詳細モデルに限られていました。今回紹介しました手法が業界標準となれば、半導体メーカーは内部情報を出さずに、過渡伝熱解析モデルが提供できます。製品設計者は、試作品がない段階ではDSRCモデルで保証値に基づく設計を行い、試作後は実測結果に基づくDNRCモデルで高精度な過渡伝熱熱解析が可能となります。従来は、回路を検討する電子設計者は判断基準として、半導体の表面温度や発熱量、T3STERでの Z_{th} の測定により推測した半導体の T_j を使っていました。

一方、機械設計者はきょう体温度や空気温度を基準に T_j を推定し判断基準としてきました。今回の手法を使えば、両者の間で従来それぞれ算出していた T_j の数値が RC モデルによって一致するようになります。この T_j を共通の指標として機械設計者と電子設計者が、伝熱解析を利用して ECU の温度検証を議論できるようになります。T3STER などで測定した過渡伝熱データや、半導体メーカーの保証値である過渡伝熱抵抗データをベースに、自動車の制御変化に伴う素子温度変化を確認しながら仮想設計をする時代になっていくだろうと予想します。

これらのモデルは、半導体素子の内部構造を秘匿しながら各産業でモデル流通を可能とします。個々の会社が独自に素子モデルを作成するのではなく、自動車メーカー、電子機器メーカー、半導体メーカー、ソフトウエアベンダー各社が連携して素子の過渡伝熱モデルを規格化し、流通できるようにしたい。そうすれば、熱課題や制御設計について開発上流工程で解決しやすい状況を実現できるようになるのです。

12.9 DSRC モデル・DNRC モデルの利用方法

各モデルの利用方法について、**図 12-14** にまとめています。DNRC モデルは、半導体温度性能の実力把握に利用できます。また、試作品の温度測定値とこの

	DNRC モデル	DSRC モデル
作成方法	T3STER による 現物の実測データ	メーカーの過渡伝熱抵抗グラフ データシート
使用する設計段階	試作品の検証	製品・部品が手元にない時の 構想設計段階
過渡伝熱抵抗値	実測 (Typ.)	メーカーの保証値 (Worst case.)
使い道	製品の伝熱設計	OEM/Tear2 との 仕様決定

図 12-14　DNRC モデルと DSRC モデルの比較

モデルでの解析値を比較して、双方の乖離を少なくする検証などに利用できます。また、半導体メーカーよりデータシートが手に入らない場合にも有効です。現物の半導体の熱抵抗・熱容量を把握しながら確度の高いT_jを解析で算出でき、実力を把握した最適な設計ができやすくなります。

DSRCモデルは、オープンになっている熱抵抗のメーカー保証データ値であるので、OEMに解析結果を開示できやすい、半導体メーカーと熱抵抗の仕様を検証しやすいなど、品質を確保した設計検証に向いています。また、企業間で流通しているデータですので、改めてデータを取得する必要がないので、コストかからず導入しやすいことが挙げられます。この他、入力するデータは、設計者の確認したいデータを使えばよく、例えば熱抵抗の実効値、平均値、最大値、予想値、必要な電流値からの熱抵抗設計値など応用ができますので、いろいろ試してみるとよいでしょう。

第13章

実験と解析の乖離検証と高精度化

13.1 乖離について

伝熱設計を設計開発工程の上流で効果的に行うには伝熱解析の高精度化が欠かせず、また高精度化に向けては正確な発熱量の把握が欠かせないことを前述しました。半導体の発熱量を正確に算出しないで製品設計を進めるということは、約半年かけて設計したプリント基板を改めて最初から設計し直すリスクを常に抱えているような状況です。

IC や MOSFET といった能動部品の発熱量は、伝熱解析の精度に大きく寄与するため注意が必要です。近年では MOSFET の高速化（高周波化）に伴ってターンオン/オフの回数が多くなっており、スイッチング損失の影響も無視できなくなっています。自動車に搭載される ECU 内の MOSFET について、実測 2.1 W の発熱量を解析上で 2.0 W と入力すると、実際の温度に対して伝熱解析の結果は約 3 ℃も低くなった例もあります。

13.2 実験と解析誤差の考え方

実験値と解析値の誤差について、絶対誤差と相対誤差の考え方があります。例えば、MOSFET の温度測定した実験値と解析値の結果を比較したとき、双方の温度差が 5 ℃だったとしましょう。しかし、この結果はある 1 つの条件ですし、解析の入力値が変われば、乖離幅も変化します。

図 13-1 のような結果を示す解析モデルでは、伝熱設計にあたり、様々なパラメータを変更して得られる結果を信用することができないでしょう。逆に、たとえ誤差の値が大きくても、誤差範囲が一定であれば、設計に組み込むことは容易です。つまり、精度の良い解析モデルとは、各種のパラメータ変更において実機と同様の振る舞いができればよいのです。ですから、実験と解析を比較する際には、1 つの条件のみでなく、複数の条件で実験と解析を行うことが常套手段です。

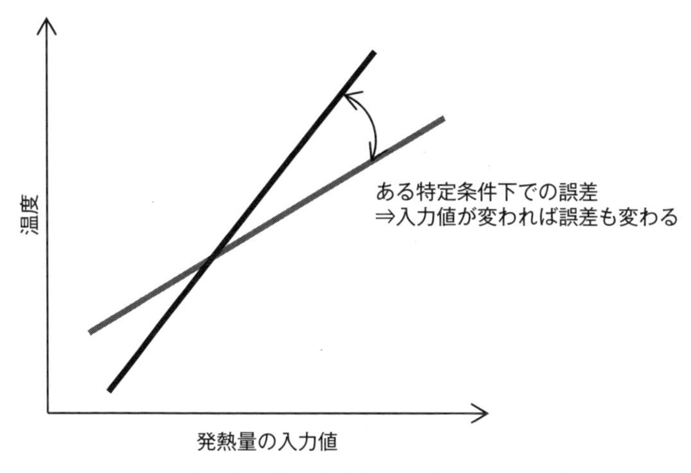

図 13-1　入力値による温度の変化のイメージ

実験と解析の結果を比較する際に、どのような方法があるでしょうか？　例えば、MOSFET の温度測定について、表面温度（T_C）が 110 ℃の実験結果に対して、解析結果が 105 ℃だった場合としましょう。「温度差が −5 ℃だから解析精度は −5 ℃だ」あるいは「105 ℃ ÷ 110 ℃で、精度は 95.4 %だね」と考えてはいませんか？　誤差を検証する要素に、周囲環境温度 T_a があります。上記の例の場合、$T_a = 100$ ℃であれば、実験では +10 ℃の温度上昇であるのに対して、解析では +5 ℃の温度上昇、つまり誤差 50 %と考えることができます。これが、$T_a = 0$ ℃であれば、実験 110 ℃上昇、解析 105 ℃上昇なので誤差 4.6 %となるため、T_a によって大きく誤差が変わることがわかります。なので、温度上昇（ΔT）で実験と解析を比較することが重要です。さらに、ΔT の割合（%）で考えるべきです。

実験と解析は合致するかということをよく聞かれます。実験はミスや手落ちがないように詳細な部分まで検証していきますが、解析はルールや基準を制定しないことが多いため、目処立ての確認程度に利用するなど、おざなりな処置をすることになりかねません。このような中では、解析結果は信用度が上がるはずもありません。ですが、実験結果にも誤差が多く存在しています。

13.3 実験の誤差

実験誤差の方から見ていきましょう。実験誤差は**図13-2**のように大きく3つに分けられます。1つめは、人間系誤差です。技術者が持っているノウハウであったり、作業の修練度であったりで変わってきます。例えば、熱電対などの取り付け作業時に誤差を生じます。そのため、組織で基準を作る必要があります。

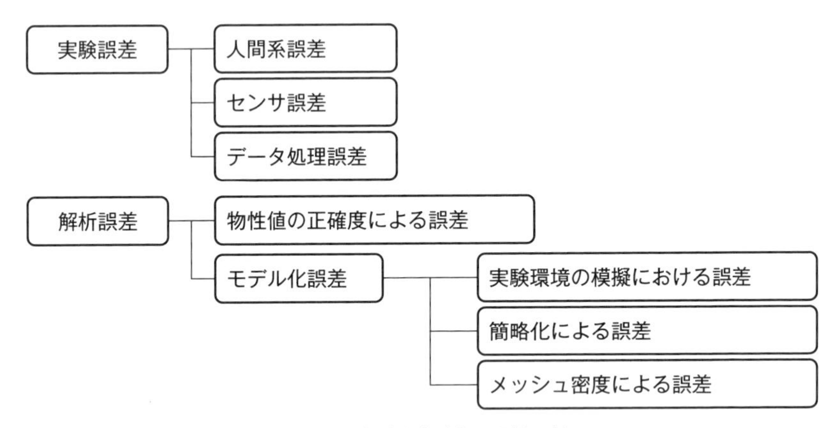

図13-2　実験と解析の誤差の違い

2つめに、センサや計測器には測定精度があり、**図13-3**のような計測系においての合計許容誤差があります。前述した熱電対は、種類の選択や線の加工、被着物への接触の誤差などの要因の変化により5～15℃程度の誤差を生じてしまいます。3つめは、計測器の値を読み取るためのデータ処置の誤差が必ず存在します。計測器は、気温や湿度の環境変化や経年変化により本来の測定値とは異なる誤差、いわゆる器差を考慮する必要があり、JIS規格　Z8103に定義されています。定期的に計測器を校正して品質や性能を維持する必要があります。その他、測定対象の製品のばらつきがありますので留意しておきましょう。

測定方法	誤差分類	誤差のパターン	誤差レベル（事例）
熱電対式	熱電対	周囲からの伝熱※	±10℃以上の場合もあり
		熱電対を介しての放熱※	
		取付方法による誤差※	
		熱電対自体の誤差	約±0.5～1.0℃
	データロガ	機器の性能	約±1.0℃
ふく射伝熱（赤外線）式	サーモグラフィ	最小検知温度差	±0.08℃
		読み取り誤差	±2℃ or ±2％（大きい方）
	測定環境	ふく射伝熱係数誤差（非測定物との角度）※	作業の方法によって異なる
		背景雑音※	
		設定ふく射伝熱率の誤差※	±20℃以上の場合もあり

（※作業方法による誤差）

図 13-3　熱電対式とふく射伝熱式の測定誤差

13.4　解析の誤差

解析誤差は大きく２つに分けられ、物性値の確度による誤差と、モデリングによる誤差があります。

素子の樹脂や金属部分の熱物性値は、実際と異なることがあります。その理由は物性値の情報が入手しにくいためです。各熱物性値を各々測定することは、時間や費用を要するため、類似素子の物性値で代替することが多いです。部材の熱伝導率、比熱、密度は、メーカーや素子の種類によって変わるものですが、素子のデータシートには掲載されていません。メーカーに物性値を提出してもらうことになり、受領するための日数が必要であり、タイムリーな解析は困難でしょう。

モデリングの誤差は、実験環境を解析へ模擬する場合に起きる誤差、チップなどの形状を簡略化する場合に起きる誤差、メッシュ密度や最適なセッティングによる誤差などがあります。詳細を次に説明していきます。

13.5 実験と解析の乖離検証方法

実験結果と解析結果の確からしさはどう考えればよいでしょうか。また、データの乖離はどのくらいあるのかも気になるところです。実験と解析の誤差を議論するためには、実験と同等環境を再現した解析を実施することが必要ですが、厳密にいうと、実験をそのまま解析に落とすことは困難です。解析時間を短縮するためには、温度場に影響しない物性や構造は極力省略し、簡素化していくことになります。定量的なサジ加減ともいうべきでしょうか、ここはセンスが必要で、実験と解析の乖離要因を特定することが、良い解析モデルを仕上げるために必要となります。

図 13-4 はある系における実験結果と解析結果をグラフで比較してみました。いくつかのパターンに分類することができます。 横軸の数字は測定ポイントで、実験結果を棒グラフ、解析結果を点で表しています。この数字の配列は、回路ブロックに区切ったり、プリント基板上で区域に分けて並べておいたりするとわかりやすいです。次項で高精度化するための考え方を述べていきます。

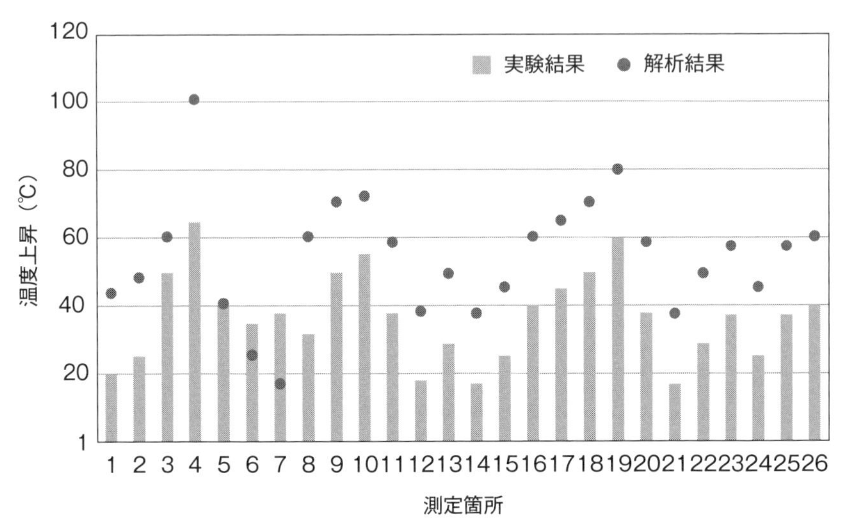

図 13-4　実験と解析の温度上昇結果

13.6 解析の高精度化

前述したように、伝熱解析を高精度化するためには、実験との比較検証が重要です。ですが、解析を実施する組織と、実験をする組織が同一でないケースが多く、また各技術者の能力が異なり、それらの技術を補完しにくく、比較検証が進まないのが現状です。特に実験を担当している側や実験データを重要視している電子回路設計者側は、解析データの精度が信用できるレベルではないため、受けいれる体制になれないことが少なくありません。ではどのようにしたら受け入れてもらえるのでしょうか？　それは、実験値と解析値の乖離になっている技術的な根拠を示して、定量的に誤差を明確にすることが、手間がかりますが一番の特効薬になります。**図 13-5** は代表的な誤差要因であり、次項で図 13-4 のグラフの乖離ポイントとともに説明していきます。

	誤差要因	対策
①	発熱量の誤差	発熱量の計算方法の確立、実測による算出 (寄与度が高く、入力値の中で最も重要)
②	物性値の誤差	材料物性の測定値を使用
③	等価熱伝導率の基板モデル	銅箔、ビア（サーマルビア、通電ビア）を必要により詳細度を高める
④	素子モデルの詳細度が不足	多ブロック、詳細、過渡（RC）モデル化
⑤	各部の接触熱抵抗	うねり、粗さや組付けひずみがあり算出困難 ⇒接触熱抵抗の測定を実施
⑥	ワイヤハーネスからの放熱	簡易的にモデル化し、先端部を温度拘束
⑦	実験誤差	・熱電対等の実験環境を忠実に再現 ・温度低減要因の数値を差し引く

図 13-5　伝熱解析を高精度化するためには

13.6.1 限定した素子が極端に乖離している場合

図 13-4 の測定箇所 4 については、各測定箇所の乖離温度より極端に温度差が

あります。これは、測定している素子の固有な課題といえます。解析と実験のどちらも疑っていきますが、まずは解析について、入力情報値を再度チェックします。今回のように20℃以上と大きく乖離していれば、入力した発熱量に目を向けてみましょう。解析に入力している発熱量の計算ミスか、計測ミスの可能性が高いので、回路設計者へ相談するとよいでしょう。

13.6.2　一部のデータの傾向が異なる場合

図13-4の測定箇所6、7について、全体的に解析温度データのほうが高い傾向の中、実験温度データより低くなっています。前述しましたような、発熱量や物性値を確認するのはもちろんですが、第6章で説明した接触熱抵抗値を解析に入力していないと、適正な抵抗値が気になってきます。素子をモデル化する際で、素子のピンは多数あるため、メッシュ数が多くならないように等価熱伝導率としたプレート状で表現することが一般的です。この等価したピンの熱抵抗により、プリント基板に接触する面積が現実よりも多くなり、放熱する熱量が変わるため、解析温度データのほうが小さくなることがあります。また、プリント基板やパターンは等価熱伝導率で設定しますが、この値が高いと解析温度データは低くなるので、見直す項目になるでしょう。一方で実測において、測定箇所6、7だけ異なるセッティングはないか確認しましょう。特にこの素子の直下にある放熱材のモデルと現物を注目します。放熱材の解析モデルは、設計中心値で設定することになりますが、実験の現物を再確認してみてください。例えば、放熱材が設計通りに広がっていなければ、伝熱の面積が少なくなります。また、放熱材がきょう体とプリント基板の間に介在しているので、放熱材の厚みが大きいと実験温度データのほうが高くなります。測定している熱電対の取り付け方も問題ないか確認が必要です。

13.6.3　全体のデータの傾向が同じ場合

図13-4の測定箇所8～26については、解析結果の温度が、実験結果と比較し

て全体的に一律に高くなっています。このような傾向がある場合、きょう体や、きょう体から外部の環境設定が実験系と乖離し、誤差要因となっていることが考えられます。

13.6.4　恒温槽を使った実験環境の場合

特に実験と解析の誤差が発生しやすい、実験環境のモデリングについて解説します。**図 13-6** のように、恒温槽内部の詳細なモデリングを実施しているでしょうか。恒温槽の中で熱のグラウンド（電気のグラウンドに相当）となるのは、恒温槽のステンレス枠です。ECU をステンレスに直置きした場合や、設置されている棚網の上に置いた場合、金属部分の熱伝導が高いため、ECU の温度も変化します。一方で、恒温槽の中は、温度の均一化をはかるために、ファンなどの回転で空気を撹拌しています。そのため、かなりの風速になっています。風速があって、全体よりも低い温度の風が ECU 表面に触れば冷やされることになり、温度が低くなります。そのため、直接の風が当たらないように防風箱を設置して、安定した温度場の環境を整えて、熱電対で測定して、解析結果と比較します。もしくは、解析側でファンを設置したモデリングをすれば手際よくできますが、対流熱伝達があると、解析時間を要することになるとともに、対流熱伝達の乖離分析の必要もあります。実験環境を変更して解析したほうが、

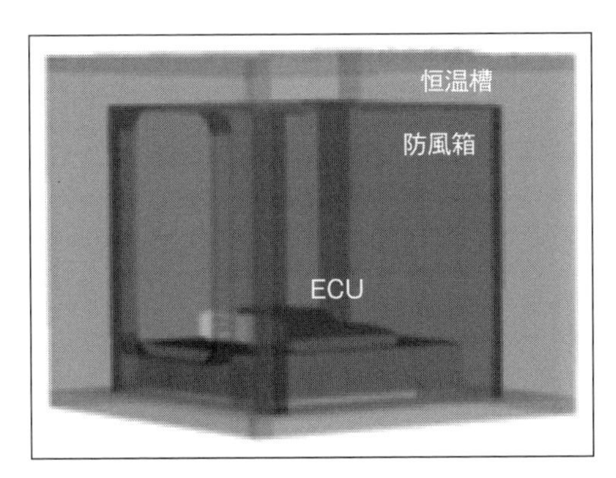

図 13-6　恒温槽環境モデル

後々のことを考えると業務スピードが速くなる方法なのでおすすめですが、状況によって判断されてよいでしょう。

13.6.5　ワイヤハーネスによる影響の場合

一般に、伝熱解析を行うタイミングは製品を試作する前の検証であるため、製品のモデルを無限解放空間に配置して解析を行うことが多くあります。一方で実験は、ECUを置く際の治具や動作させるためにワイヤハーネスをセッティングします。これらは金属でできているため、放熱を促進することになります。ワイヤハーネスをモデリングすることや、熱伝導率のわかっている治具材料で制作して、解析モデルと一致させるようにします。

13.6.6　その他の影響の場合

実験の目的によっては、恒温槽等で適切に温度管理せず、実験室のテーブルの上で簡易的に実験することもあるでしょう。このような場合、実験環境では実験室内でエアコンの風が当たって対流熱伝達が起きています。このような室内の対流熱伝達でも0.5 m/s程度あり、温度低減効果を無視できなくなりますので、実験と解析の環境は、一致させながら乖離の検証をしていきましょう。

第 14 章

分析による最適設計

14.1　統計手法を活用した最適設計

統計分析を活用し、解析と実験を連携させた最適設計のフローについて、それぞれのメリットを紹介します。統計分析は、データを統計学や応用数学の理論で処理し、データに含まれる傾向を明らかにしていく分析手法です。実験データと解析データを相対比較することで数値上の性質や規則性、不規則性の傾向がわかりやすく、データの乖離検討に役立ちます。ここでは、その手順について説明していきます。

大筋の流れとしては**図 14-1** に示すように、特性要因図を用いて因子を列挙し、必要な因子を特定、多元配置実験法を活用して解析を実施し、その因子の寄与率や交互作用の有無を特定します。次に寄与率の高いものを抽出し、実験をしていきます。実験計画法を利用してコスト低減のために実験数を減らし、実験計画法でも寄与率が出るので、その結果と解析結果からの寄与率を比較し検証していきます。

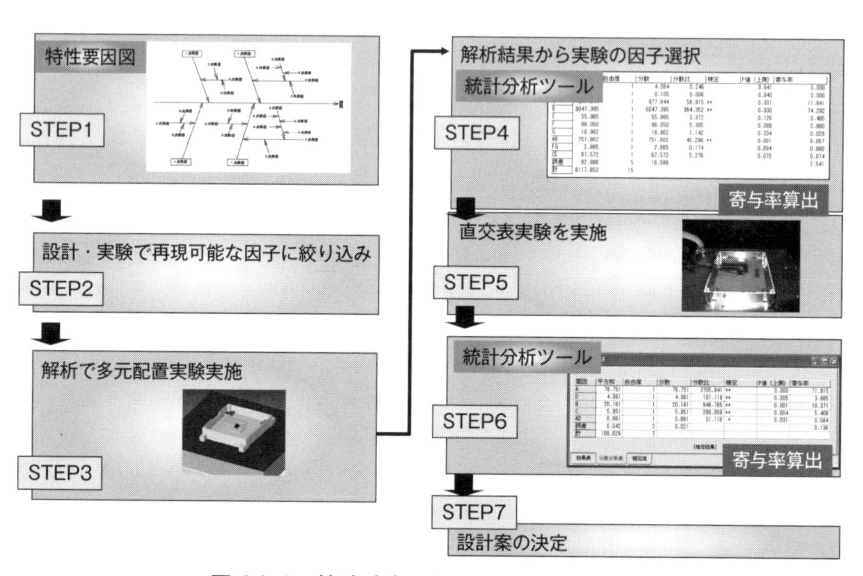

図 14-1　統計手法による最適な設計フロー

14.1.1　特性要因図　― STEP1 ―

最初に、課題・目的となる影響因子を列挙して特性要因図を作成します。特性要因図とは、複雑に絡み合った因子（要因）を系統的に整理し、ロジック・ツリー化したものです。魚の頭に当たる部分が特性となり、そこから背骨へ伸びている構成になります。背骨からは大骨（大項目）が伸びており、さらに大骨からは中骨（中項目）が伸び、中骨からは小骨（小項目）が伸びています。このように全体を整理し、わかりやすく見える化することで、因子を漏れなく列挙しやすくなります。

可能な限り、類似品の技術的知識を経験者より情報入手、網羅できるよう特性要因図で列挙していきます。**図 14-2** は例として素子温度に対する接触熱抵抗の要因を整理した図です。

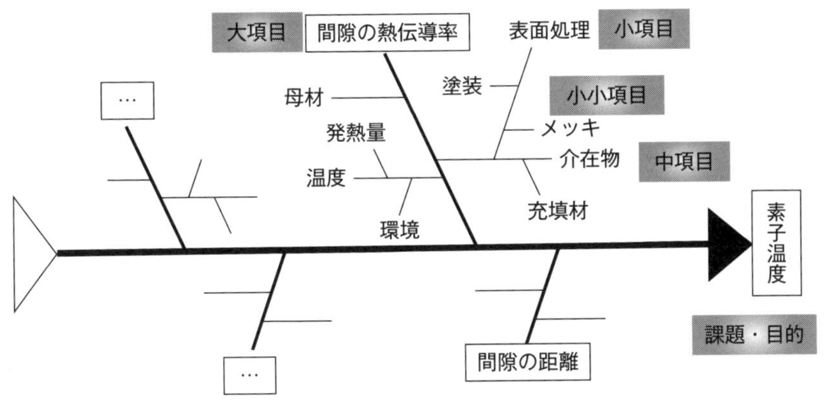

図 14-2　接触熱抵抗を検証する特性要因図の例

14.1.2　要因の絞込み　― STEP2 ―

整理してきた因子について、設計の目的に重要な因子を絞り込んでいきます。目的がコストダウンであれば、因子の中でコストの低減効果が大きい部品から進めていきます。その因子を漏れなくするために**図 14-3** に示すように大項目、

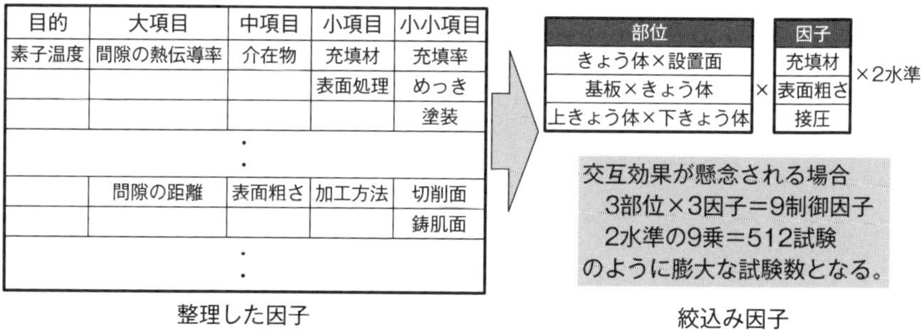

目的	大項目	中項目	小項目	小小項目
素子温度	間隙の熱伝導率	介在物	充填材	充填率
			表面処理	めっき
				塗装
・				
・				
	間隙の距離	表面粗さ	加工方法	切削面
				鋳肌面
・				
・				

整理した因子

部位
きょう体×設置面
基板×きょう体
上きょう体×下きょう体

×

因子
充填材
表面粗さ
接圧

×2水準

交互効果が懸念される場合
3部位×3因子＝9制御因子
2水準の9乗＝512試験
のように膨大な試験数となる。

絞込み因子

図 14-3　制御因子の選択

中項目、小項目と系統的に区分けして整理をします。因子について連想しやすくなることや漏れがなくなることが利点です。

例えば、実験において、相互作用が懸念される場合、図 14-3 のように 3 部位×3 因子＝9 制御因子、2 水準の 9 乗＝512 実験のように、すべて組み合わせると膨大な実験数となってコストがかかりすぎてしまいます。そういった中、多元配置実験法は因子の数を 3〜4 個に絞った最も効率的な手法であり、コストを少なく交互作用を詳細に解析したい場合に用いられる分析方法です。

14.1.3　解析による多元配置法　— STEP3 —

因子数が 3 つ以上の実験計画法の種類を総称して多元配置法と呼びます。全ての因子・水準の組み合わせでの実験をします。取り上げたい因子が多くなる場合は、直交表での実験をするとよいです。**図 14-4** のように、統計分析ツールにおける多元配置の分散分析表（特性値のばらつきを因子ごとに分けて解析）により、

（1）　因子の主効果の他、因子間の交互作用、寄与率の詳細

（2）　解析誤差の大きさから想定していない因子等の有無

を把握可能です。特性値の分散（バラツキ）を因子ごとに分けて解析することで因子と誤差を比較し、データの確からしさを検定すること、特に大きな影響を与えている重要な因子が何かを特定することが可能です。ここでの重要な因

伝熱解析モデル

統計分析ツール表

主効果：A〜G　交互作用：AB、FG、CE　実験誤差：誤差

要因	平方和	自由度	分散	分散比	検定	P値（上側）	寄与率（※）
A	4.084	1	4.084	0.246		0.641	0.000
B	0.105	1	0.105	0.006		0.940	0.000
C	977.844	1	977.844	58.915	**	0.001	11.841
D	6047.395	1	6047.395	364.352	**	0.000	74.292
E	55.965	1	55.965	3.372		0.126	0.485
F	88.050	1	88.050	5.305		0.069	0.880
G	18.962	1	18.962	1.142		0.334	0.029
AB	751.802	1	751.802	45.296	**	0.001	9.057
FG	2.885	1	2.885	0.174		0.694	0.000
CE	87.572	1	87.572	5.276		0.070	0.874
誤差	82.988	5	16.598				2.541
計	8117.653	15					

（※）寄与率：パラメータが特性にどの程度寄与（影響）しているかを示す指標

図 14-4　伝熱解析モデルと分散分析ツール表の例

子は、主効果が大きい、または因子間の交互作用が大きいことを言います。また、解析誤差による影響の詳細把握が可能なため、誤差の影響が高い場合、他に検討すべき因子を見つけることもできます。誤差が大きいと、再度因子を検討・追加して再実施をすることとなります。

図 14-5 に解析による多元配置の手順を示します。はじめに多元配置実験での因子とその水準を決定します。プリント基板が金属きょう体にネジ固定されたECUの構造を例として説明します。因子は接合面の隙間を埋める放熱材、表面粗さ、接圧の3つとし、それぞれ2水準であり、検討する接触部位は以下とします。

① 表面粗さや接圧の影響により、熱抵抗が変化する部位となるECUきょう体と車両との接触面

② プリント基板の樹脂硬度が低く、接圧による熱抵抗の変化が大きい基板と金属きょう体の接触面

③ 金属間硬度が高い上、接触する部分が少なくなり熱抵抗が大きい上きょう体と下きょう体の接触面

■因子（充填材、表面粗さ、接圧）の 2 水準
・充填材の有無
・切削面と粗し面（ショットブラスト）
・ネジ締付けトルク大小

■接触部位
A：ECU きょう体×設置面（ブラケット、車両壁面）
B：基板×きょう体
C：上きょう体×下きょう体

■実験数

2^9=512 試験

	充填材	表面粗さ	接圧	充填材	表面粗さ	接圧	充填材	表面粗さ	接圧
1	1	1	1	1	1	1	1	1	1
2	1	1	1	1	1	1	1	1	2
3	1	1	1	1	1	1	1	2	1
4	1	1	1	1	1	1	1	2	2
5	1	1	1	1	1	1	2	1	1
6	1	1	1	1	1	1	2	1	2
7	1	1	1	1	1	1	2	2	1
8	1	1	1	1	1	1	2	2	2
～									
503	2	2	2	2	2	1	2	2	1
504	2	2	2	2	2	1	2	2	2
505	2	2	2	2	2	2	1	1	1
506	2	2	2	2	2	2	1	1	2
507	2	2	2	2	2	2	1	2	1
508	2	2	2	2	2	2	1	2	2
509	2	2	2	2	2	2	2	1	1
510	2	2	2	2	2	2	2	1	2
511	2	2	2	2	2	2	2	2	1
512	2	2	2	2	2	2	2	2	2

図 14-5　多元配置の実験手順

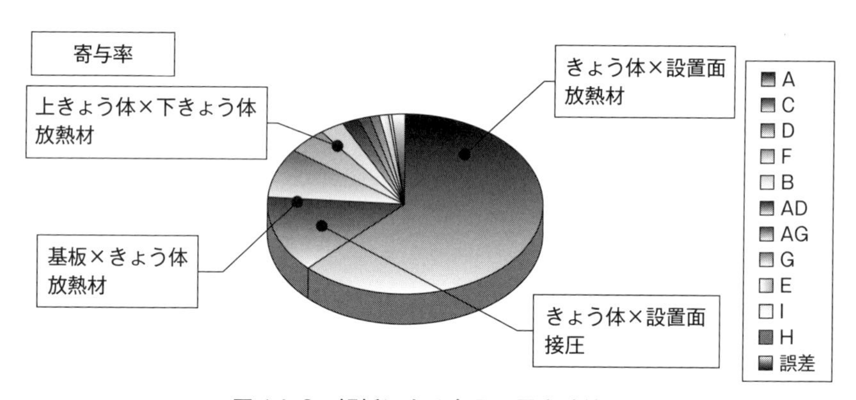

図 14-6　解析による多元配置実験結果

解析は伝熱解析を活用して計算、データまとめは統計処理が可能なツールを活用し、各因子の寄与率等を出力します。主効果、交互作用の寄与率小であれば、実験因子削減可能とし、実験省略化を進めていきます。

図 14-6 はその結果を示します。寄与率はきょう体と接触面の間に放熱材を入れることが最も支配的になっています。

14.1.4　直交表実験による寄与率算出の手順　― STEP4.5.6 ―

14.1.3 より得た各因子の寄与率は、解析による結果のため、実験より得た各因子の寄与率との整合性を確認する必要があります。そこで、重要と判断した因子に絞り、実験にて寄与率を算出します。実験の寄与率算出は、効率的な手法として直交表実験があります。少ない実験回数で多くの要因効果を検定していくことであり、要因の絞込み段階で最も活用されます。また、再現性のある結論が出せることがポイントです。

任意の 2 因子が、その水準の全ての組み合わせで同数回ずつ現れる性質を持つことを直交するといいます。**表 14-1** の直交表の構成を簡単に説明すると、次のようになります。任意の 2 因子 A、B の全水準の組み合わせは、G_1（A_1、B_1）、G_2（A_1、B_1）、G_3（A_1、B_2）、G_4（A_1、B_2）、G_5（A_2、B_1）、G_6（A_2、B_1）、G_7（A_2、B_2）、G_8（A_2、B_2）となります（※ G_n；実験水準、A_1；因子 A の水準 1 とする）。 つまり、A_1 には B_1、B_2 が均等に配置されており、A_2 においても B_1、B_2 が均等に配置されます。同様に A と C、A と D、B と C…というように、全ての 2 因子が直交するように配置されます。このような性質を直交するとい

表 14-1　直交表実験

・直交表 L8（2^7）

列番 / 因子 / 実験 No.	1	2	3	4	5	6	7
因子	A	B		C			D
1	1	1	1	1	1	1	1
2	1	1	1	2	2	2	2
3	1	2	2	1	1	2	2
4	1	2	2	2	2	1	1
8	2	2	1	2	1	1	2
列名（成分）	a	b	a b	c	a c	b c	a b c

例：4 因子 2 水準（交互作用なしとした場合）

います。

これにより、例えばA_1、A_2には、B、C、Dの各水準による影響が均等に含まれることから、因子Aの主効果は、(G_5～G_8データの和－G_1～G_4データの和)／4で算出していく手法です。

例えば、重要な因子数が4つ、各因子の水準が2水準である場合、多次元配置実験数は2の4乗（16回）となります。表14-1に示す直交表とは、因子が列、実験水準が行であり、任意の2因子がその水準の全ての組み合わせで同数回ずつ配置される表です。適用する表は因子数により決められており、今回（因子A～D、各因子2水準、交互作用は因子AD間のみと判断）の場合、直交表L8（2^7）が適用され、実験回数は8回に削減できます。（※全ての因子間に交互作用がある場合は、多次元配置実験が必要。）直交表に各因子、水準を割り当て、あとは直交表に基づき実験を実施します。多元配置解析の実施内容と同様に、実験結果から分散分析を実施し、各因子の主効果、因子間の交互作用を算出します。

14.1.5　伝熱解析と実験の整合性確認　― STEP7 ―

最後に解析と実験の寄与度が合っているか比較をしたいため、解析による多元配置結果から直交表実験と同じ実験条件（前述8実験）を抜出し、再度分散分析を実施します。例えば**図14-7**に示すように、全制御因子において寄与率の順位が同順であり、解析による因子の選択は妥当と判断します。このように、設計者がどう判定するかが本手法のポイントになります。メリットとして、実験回数削減や、因子の寄与率が算出できます。デメリットとしては、全ての交互作用を算出できません。

各々の設計検証において、解析を導入することにより、スピーディ、低コストを実現し、実験は実機による信頼性の確認し、統計分析はデータを見える化として、設計行為の役割を分担できるようになり、論理的かつ最大限のコストパフォーマンスが実現します。

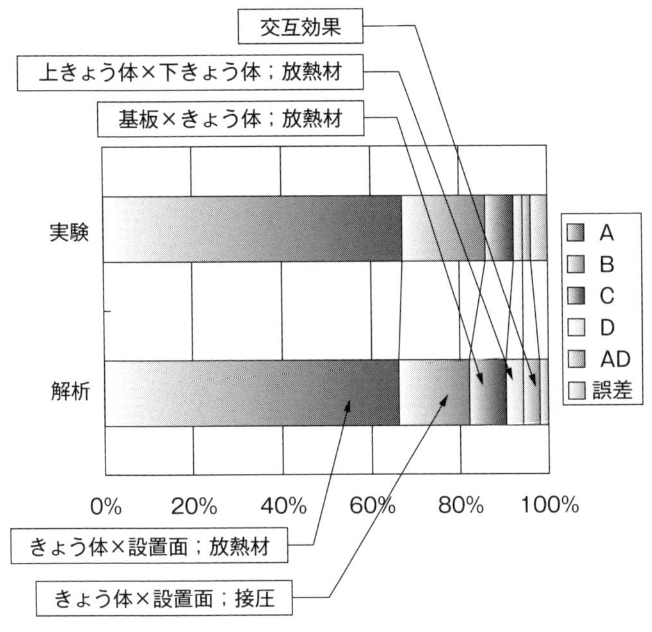

図 14-7　解析と実験の寄与率比較

14.2 CAE を活用した最適化手法

次は、最適化技術適用拡大の必要性を、市場、他社、自社の観点より説明します。市場では、競争状態や顧客の要求から、要求仕様の高度化が進みます。さらにスピード力、低コスト開発力を持った競合が出現してきます。CAE の市場技術としては、近年著しく成長しています。最適化の適用が、部品のような規模の小さいものから、製品レベルの範囲で解析が可能になり、今後はシステム全体で解析できるような時代になっていきます。経営資源をうまく活用するために、大きな費用のかかる実験から解析をベースにしていきながら、品質設計を構築する必要があります。このようなことから技術戦略として、合理的に判断していく最適化がキー技術と判断できます。

最適化技術とは、目的に対して、最適な条件（最適解）を決定することをいいます。例えば、ある目的地までの移動時間を最短化したい場合、移動手段、移動に掛かるコスト、ルートといった複数の条件の中から最適な条件の組み合わせを選択するといった具合です。目的や条件が複数あれば、最適化問題は複雑化するため、最適化ツールを使用して解探索を実施します。

ここで、ECUの放熱効果について、クイズを出しますので、少し考えてみてください。**図14-8**のA～Dが共通に、無風空間に置かれており、均一に発熱した基板を内蔵しているとします。このとき、基板中央の上空、つまりECU内部の空気温度を比較したとすると、どの条件のときに一番温度が低いでしょうか？

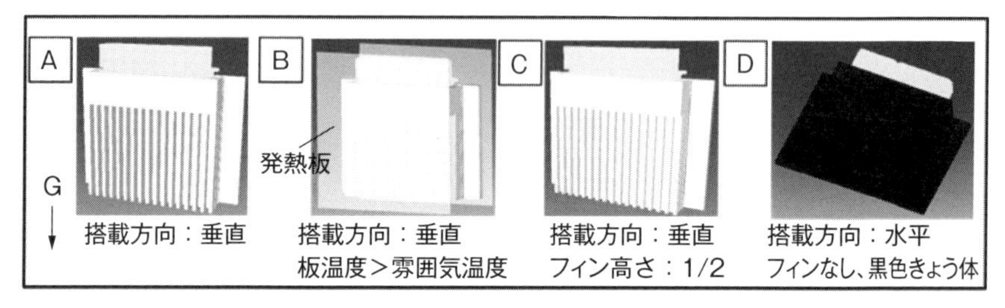

図14-8　各放熱性能が良いものはどれか

図14-9のように温まった空気は下から上へ流れていきます。そのため、搭載した方向や、位置によって周辺の流体が変化して温度も変化します。きょう体の放熱面積、素材のふく射伝熱率等の設計変数によっても大きく変わってきます。交互作用する因子の中で、最適な数値で設計をするのは簡単ではありません。過去成立してきた設計は、トライアルで設計して、たまたまうまくいった設計ということになります。もっと良い案があるかもしれないと考えるのが筋ですが、実績のある設計を変更することは、工数がかかるため好まれないものです。

このような設計パラメータの最適な設定が、製品の放熱性能の良し悪しを決めます。現状の課題として、因子が多いため、相互作用を把握できていない、最適解の検証ができていない、設計課題が複雑化し手計算が困難であることが列挙できます。その対策としては、先述したように寄与率算出による設計項目

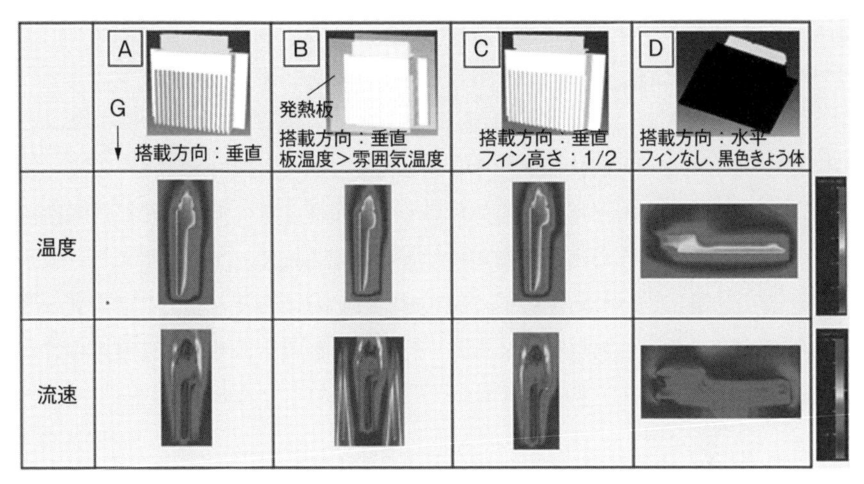

図 14-9　対流熱伝達、放熱面積等の条件で温度変化する

の絞り込みをする、パレート解を算出する、複数の CAE を連成させ、計算の自動化を進めることです。パレート解とは、改善したい複数の目的関数について、相互作用を計算した解のことです。たとえば、コスト・軽量化・最小化・剛性向上といった評価したいパラメータが複数ある場合、それぞれがトレードオフとなる場合、最小となる水準は当然異なってきます。このとき、パラメータが集合として最小となる水準をパレート解といいます。パレート解は複数存在するため、コスト対軽量化、最小化対剛性向上等のように、目的に応じて優先するものを天秤にかけ、バランスをとって選択します。

14.3　電子部品配置におけるレイアウト最適化適用事例

ここでは、伝熱解析ソフトと最適化ツールを連成して設計最適化する事例を説明します。プリント基板上の素子レイアウトについて、素子間の熱干渉チェックは最初に実施できます。解析技術を使っていない時代は、ひとまず熱干渉を考慮せずにレイアウトして実装基板を作っていましたので、実測してからでないと、温度が基準値をクリアするかわかりません。満足できない場合はプリント基板から作り直しになり、費用はときに100万円単位になります。さらにきょう体構造も変更になることが多いため、かなりの試作費用がかかります。ですが、アートワーク前に熱干渉を考慮したレイアウト設計をすることで、部品配置変更のコスト増がなく、発熱対策を完了できます。そのためには伝熱解析の実測と見合うような高精度化が条件となってきます。プリント基板作製前に熱干渉の影響について検証可能になれば、長い目でみると相当な設計費の削減につながります。伝熱解析と最適化ツールとの組み合わせは、非常に相性がよく、最大限のパフォーマンスを発揮してくれるでしょう。

14.3.1　素子レイアウトの最適化

多数の素子同士による伝熱の影響を最小化するレイアウトを探索する事例を紹介します。解析モデルが高精度化できると、**図14-10**のような実線で囲んだ素子の座標を変数として、アートワーク前に熱干渉の影響について伝熱設計できます。伝熱解析と最適化ツールを自動連成させ、伝熱解析しながら素子温度が目標温度以下になるようレイアウトを最適に持っていきます。

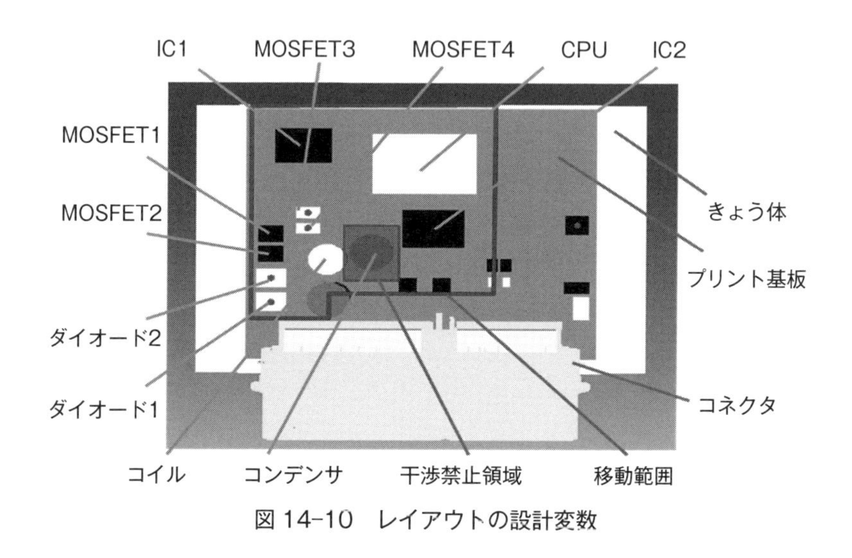

図14-10　レイアウトの設計変数

図 14-11 のように、各素子の物理的な干渉を抑えること、かつ EMC 対策の配線距離制約条件（パターン距離が長くなればノイズ大）を入れて最適化していけば、EMC と熱の両立設計が可能となります。多目的の場合の大域最適化手法であるアルゴリズム多目的 SA（MOSA）で実施します。探索アルゴリズムは、用途によって選択していきます。とにかく少ない時間で最適解を算出したい、目的関数が多い等の探索内容が得意なアルゴリズムでやりたいなど、目的に応じて設定していきます。

移動素子	11 個
各素子間の距離	1 mm 以上
ダイオード 1、2 と MOSFET 1、2 の距離	40 mm 以内
MOSFET 3、4 の距離	20 mm 以内
コイルとコンデンサの距離（EMC の制約）	25 mm 以内
コンデンサと素子の干渉禁止領域	20 mm^2 以内

最適化 アルゴリズム	MOSA（多目的の大域最適化手法）
計算回数	880 回
総工数	890 h 作業時間 10 h 計算時間 880 h （伝熱解析 1 回当たり 1 h）

図 14-11　制約条件および設定条件

図 14-12 は最適化によって得られたレイアウトのパレート解から、特に効果的・現実的だったものをピックアップです。880 回の連成計算を実施し、最適解として数種類のレイアウトデザインが抽出され、設計者はこれらの中から配線可能かどうかアートワーク経験を活かして、判断していきます。

ここで注意しなければならないのは、熱問題においてベストの解が、EMC や振動、実装など、他の要件においてベストではないということです。最も望ましいのは、それら他要件の制約も含めて最適解探索を行うことですが、このようなマルチドメインの最適探索を行うのは、現状の CAE 技術では困難です。そのため、ここでは最適解候補となるパレート解を複数見つかればよいと考え

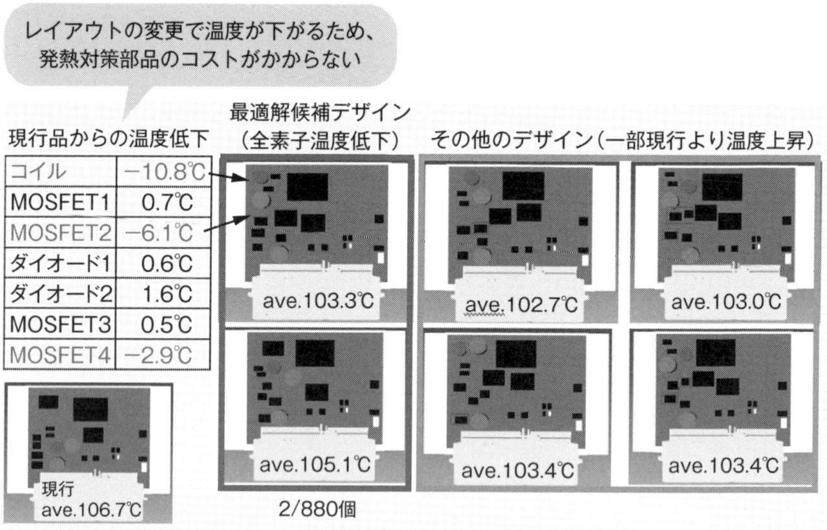

レイアウトの変更で温度が下がるため、
発熱対策部品のコストがかからない

最適解候補デザイン
（全素子温度低下）
その他のデザイン（一部現行より温度上昇）

現行品からの温度低下

コイル	−10.8℃
MOSFET1	0.7℃
MOSFET2	−6.1℃
ダイオード1	0.6℃
ダイオード2	1.6℃
MOSFET3	0.5℃
MOSFET4	−2.9℃

ave.103.3℃
ave.102.7℃
ave.103.0℃
ave.105.1℃
ave.103.4℃
ave.103.4℃
現行
ave.106.7℃
2/880個

図 14-12　最適化の結果

ます。その後、様々な設計項目について関係者と話し合いながら、最終的な設計案を決定していいきます。この検証案では、初期のアートワーク案からコイルの温度が 10.8 ℃も低減することになりました。

14.3.2　きょう体放熱フィンの最適化

続いて**図 14-13** について、きょう体に施す放熱用のフィン設計の事例を紹介します。製品設計の要件としてコストダウン、軽量化は常に考えています。ダイキャストで製作するきょう体はアルミでできており、g 単位でコストを抑えていきますので、軽量化のため少ない材料で仕上げたいところです。ですが、その肉厚が薄くなると、熱容量も減り十分な放熱ができないことになります。図 14-13 のように、重量が大きく寄与するであろう、設計因子はフィン高さ、厚み、枚数として、総当たりで解析を実施してみます。

計算結果は**図 14-14** のように、放熱性能向上を目的として縦軸に、フィンの重量（≒コスト）を横軸に取ったグラフを作成して、パレート解を設計判断に

フィン高さ	4、8、12mm
フィン厚み	2、4、6mm
フィン枚数	7、12、17枚

計算回数	27回（総当り）
工数	54h

図 14-13　ECU きょう体のフィン設計最適化の設定条件

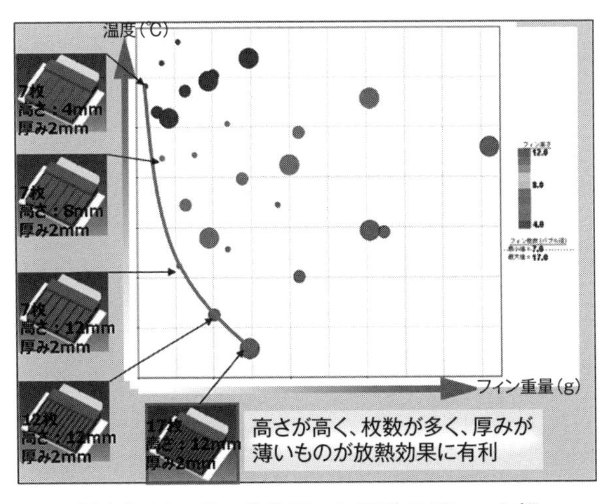

図 14-14　きょう体フィン設計のパレート解

利用します。この中から、設計、製造上での作りやすさを設計者が判断しながら決定していきます。これに外部環境の温度や、ECUに接触する風速の有無や速度等温度に影響する因子を設計変数にして最適化を解いてもよいでしょう。このような手法により、開発の早い段階で伝熱設計ができるようになります。

[引用文献]

1）「失敗しない熱設計の進め方と放熱部材の選定・活用技術、測定・評価」、技術情報協会（2011.4）
2）IDAJ、modeFRONTIER、https://www.idaj.co.jp/product/modefrontier/

第15章

機動力のある伝熱技術のチーム体制

高機能の伝熱解析ソフトがあっても、うまく使いこなせないと成果が出ません。伝熱解析と温度測定を協業していくためにどのようにしていけばよいか、そのチーム作りについて説明していきます。

15.1　解析技術の7つのフレームワーク

解析技術を戦力にしていくために、どのようにしていけばよいでしょうか？ここでは、参考に図15-1のようなマッキンゼー[1)]が提唱している経営資源を7つのフレーム（7S）を使います。資源の相互関係を表したもので、熱技術特有の仕組みをあてはめていきます。意思決定や計画があれば比較的変更可能なハードの3Sと、主にヒトに関するもので変更に時間を要するソフトの4Sに分かれます。

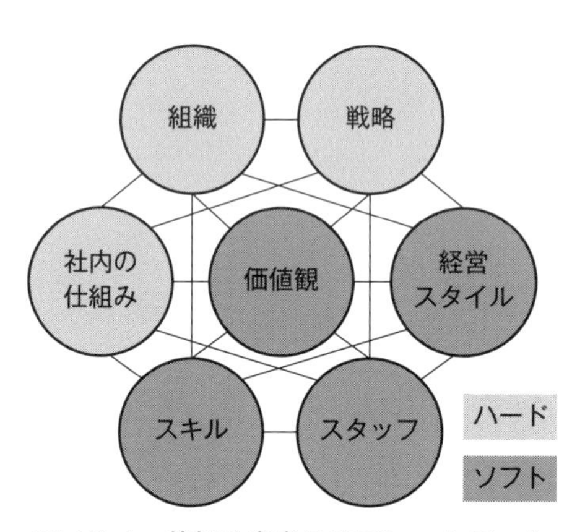

図15-1　仕組みを考えるフレームワーク

まずは、自部署に解析技術を導入するためのキーファクターを考えていきます。

①　ソフトランディング：現在の設計プロセスにスムーズに導入できるかです。

大きく変わるようなプロセスはなかなか受け入れがたいものであり、できる限り穏やかにプロセスに埋め込むことが肝要になります。

② 作業工程の管理：オペレーションする人材が変更になった場合でも、作業品質を保つために作業を標準化することは大事です。

③ 製品開発の速さ：解析技術を導入し、開発スピードを定量化することで、解析をする意義が決定します。どうしても、解析技術はきょう体などの3Dモデルを作成した後、シミュレーションモデルを作成していきますので、時間がかかるイメージを持たれます。結局、実験で判断したほうがよいと思われる方が多いので、現行の実験と解析で効果を比較するとよいでしょう。

④ 後工程はお客様：解析業務を途中で入れることで、現状の工程に遅れが出るようでは、なかなか定常業務として根付きません。後工程に問題がないように、プロジェクト全体を細かいジョブに分割して作業の配置・編成を整備しましょう。

⑤ 品質の確保：解析の結果から、正当な技術判定ができなければ利用促進しません。そのためには、解析手法の基準や規格を整えて閲覧可能にすることが必要です。そして、作業チェック体制として、ダブルチェックはもちろんのこと、スケジュール管理を実施し納期通りに遂行できるようにしましょう。

⑥ 顧客満足：依頼された設計者はもちろんのこと、取引先からの満足度を上げられるように考えていきましょう。例えば、設計者が考えてもいなかったアイディアを提案することや、課題解決に向けた考察等です。さらには、社内の熱技術の有識者を募り、適材適所でコンサルできるようにしていくのが、解析業務のスピードUPに繋がる仕組みとして必要です。

では、7つのフレームについて事例として説明していきます。

15.2 戦略　—部署にとって戦略と戦術の優先事項—

部署の中で、設計の課題に対し、処置する優先順位があります。例えば、その解析について OEM へのプレゼンに使うことであったり、アートワーク作業着手のための近々の期限があったり、もしくは実験検証としっかりと整合を取りたい等の目標があります。この目標を明確にして、達成するか具体的に工程を考えていきます。

自動車業界の ECU 伝熱技術においての課題の 1 つは、新たなサービス、法規制の対応による高度な制御での素子発熱量の増大です。20 年代以降、CASE 技術を中心に、熱マネジメントが重要になってきます。制御する CPU や GPU は、10～200 W クラスの発熱量を考える必要があり、新たな放熱方法が必要になってくるでしょう。

戦術としては**図 15-2** のように大きく 3 つの技術を作ります。1 つめとしてエレクトロニクスの伝熱技術分野については、制御の緩和、電子部品の再選択、電子回路の変更、再びアートワークを実施して発熱を抑える方法や設計を考えていきます。2 つめとして、メカニカルの放熱技術分野については、きょう体設計でさらに放熱促進できるようにすることです。材料の熱伝導率を上げたり、放熱材を利用したり、フィンを設定して表面積を広くする等が挙げられます。場合によっては、強制空冷や水冷などの冷却手段を検討する必要があるかもし

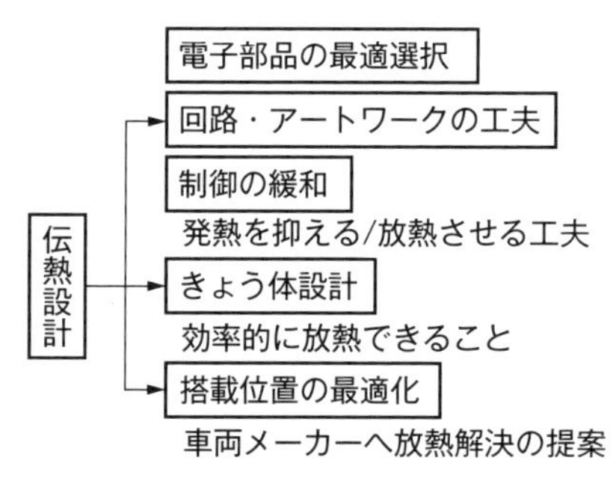

図 15-2　伝熱設計の戦術の考え方

れません。そして最後に搭載条件についてです。OEMとともに接触熱抵抗が低くなるような設置状態や、風量が確保できるスペースの検討等、評価・検証していきます。

今までの実験主体の設計手法に対して、これら3種の技術を繋げるように、実験と解析を連携し、戦略にあったプロセスができるように同一の組織内で体制を敷きます。3種の技術者は、他方の技術分野において大枠でよいので知識を補完できるように修得をしていきます。取り掛かりは、得意な工学から伝熱を理解してもらい、徐々に他分野の伝熱技術を理解できるようにしていくと、理解されやすいです。

15.3 組織 ― 伝熱技術体制と役割 ―

実験と解析を遂行する部署は、分離されていることが少なくありません。解析は設計前段階で利用されることが多く、製品の企画や、開発の担当が実施し、実験は設計後であり、評価担当が実施するため、連携が希薄です。そのため、理想的には集結して情報共有できるようにすれば、各々の技術の構築と管理がやりやすくなります。目標は、伝熱解析と温度測定の両方を理解するスペシャリストの育成です。解析技術者の盲点は、ECUの実機を触ったことが少なく、イメージを持てないことにあります。そのため、課題解決の考察を要所良くとらえることができるよう、実験業務と並行して解析モデルを作成するとキャッチアップできやすくなります。伝熱解析だけでなく、他の解析技術にもいえると思います。

一方で、解析は少なからず、実際のモノを簡易化しているため、温度の乖離が出てきます。実験値と解析値の整合検証は確実に実施しなければなりません。そうなると同一の製品で実験と解析を手掛けたほうが理解しやすく、効果的です。要するに、手を動かしながらモデリングすることで技術センスが磨かれていくようになるのです。その後、放熱電子部品や構造開発といった応用技術を進めていくことが、正確で有効な理論の可能性を解析技術で成果を出せるよう

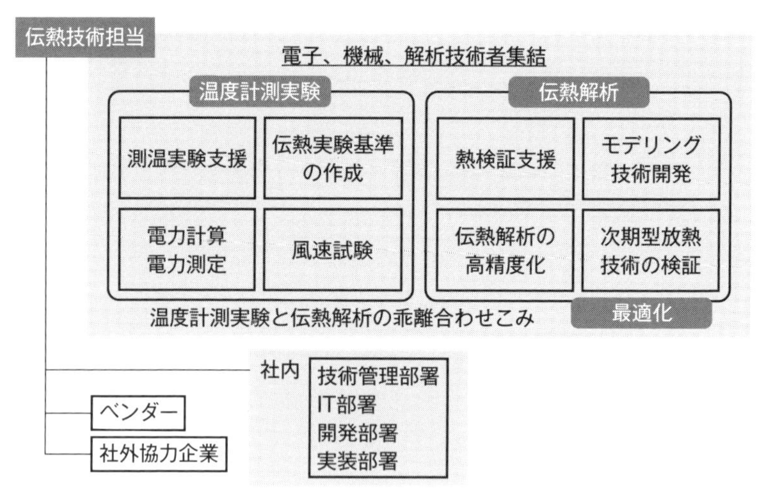

図 15-3　実験と解析を連携した伝熱技術の体制イメージ

になります。温度測定と伝熱解析の業務の事例として**図 15-3** に示しています。

15.4　社内の仕組み　— 社内連携 —

伝熱技術を部署内のみでするのではなく、社内連携力を高めて、情報共有を促進させたい。社内には思いのほか、伝熱設計の資料が乏しく、表面化されにくいようです。理由の１つは、放熱設計は主にメカの構造設計の技術者に、エレクトロニクス特有の半導体熱技術についての有識者が少なく、設計基準を設けにくいことが挙げられます。そのため、エレクトロニクスの設計者に伝熱技術を理解してもらうよう、人材育成が必須です。

図 15-4 に社内で統一しておいた方がよい項目と取り組み内容を挙げておきます。熱評価で問題があった時に対策を打つことで、製品ごとの放熱アイテムが個別設計されることになり設計工数増加となります。発熱対策部品の数量がまとまらないため製品のコストアップにつながり、競争力がなくなってしまいます。解析技術は、実験に置き換わる設計ツールとして、解析の高精度化を目

項　目	取組み内容
伝熱技術開発	●放熱アイテム開発
解析開発	●高精度化の推進 ●社内ユーザーへ情報展開
伝熱実験開発	●発熱量・伝熱抵抗測定確立 ●最適化技術によるデータ取り
設計サポート	●構想段階時の伝熱設計めど付け ●分析力・考察力の向上
統計分析手法	●解析を統計分析による定量化
基準類整備	●社内基準の制定
委員会活動	●自部署・社外の技術情報展開
教育	●エレ人材向けの特化した研修
組織形成	●熱技術組織の新設

図 15-4　社内で集約可能な設計資産・活動のノウハウ例

指しますので、これも統一見解を出せるように委員会等を設立して、考え方の集約をしていきます。重要なのが、実験や解析の分析力、考察力の向上であります。結果はでてきたものの、どのように製品へ適応していけばよいか、考察ができないと設計方針もあいまいになってしまいます。社内でのノウハウを集めて引き出しを多くすべきでしょう。そのナレッジを活かして、社内教育に使い、知識の網羅を図っていきます。

15.5　スタッフ　— 必要能力の育成 —

良い仕事をするには、レベルの高い人材が重要なのは言うまでもありません。メカとともにエレクトロニクスの伝熱技術の基礎レベルを習得することは必須です。特に伝熱解析は、短時間での納期に間に合うかが勝負です。そのため、スタッフは同一の品質で業務を遂行できるようにしておきます。そうすれば、超特急の業務が来たとしても、複数人で業務分割して処置でき、納期に間に合わせることができます。能力レベルは**図 15-5** のように段階的に分けてもよい

レベル		活動内容
4	未知対応	新技術の組込み、考察能力 UP
3	業務特化	実験＆解析双方の担当　報告書作成
2	基礎業務	OJT による伝熱実験、伝熱解析の補助業務
1	体系化された知識	書籍、過去資料からの知識習得

図 15-5　伝熱技術者育成の能力レベル例

でしょう。最初のステップは、過去の実験や解析報告書より知識習得し、各々の実験、解析技術のポイントを理解することです。そして、課題解決の道筋と最終的な設計判断を理解し、なぜこのような設計になったのか、知恵にしていくことです。次のステップとして、OJT（On Job Training）による補助作業をして全体を見渡せるようにします。そして、温度測定と伝熱解析の両方を対応できるようにすれば、個人の理解力が上がり、習得がスムーズになります。完成形は、解析を利用して新技術の開発や、考察力を向上して他製品へ対応できるようにしていきます。

15.6 スキル　― 各業務課題とスキル ―

前述したようなメカ、エレの伝熱技術マルチプレーヤーは、理想であり、実務上の高い目標になります。それらの設計者は、お互いの技術を熟知しているわけではないので、初期の体制構築では分担制にするとよいです。**図 15-6** に解析担当との業務をバランスよくできるよう、業務分担の例を示します。エレやメカ設計者は、OEM との折衝窓口でありますので、車両側での発熱対策や車両の情報入手することや、制御仕様から主要素子の発熱量を算出していくようにします。伝熱技術の設計者は、放熱アイテムの開発やセッティングを検証し、温度測定、伝熱解析の遂行をします。伝熱解析に利用するモデリングは最適な利用ができるよう、半導体部品メーカーと連携して標準化・簡易化を考えていきます。

	設計業務	伝熱実験業務	解析業務
電子回路設計室	・制御条件ごとの電力計算 ・回路設計での温度低減	・搭載条件と実験環境の把握 ・温度測定箇所の設定	・部品配置と発熱密度の最適化 ・各車両毎の設計・考察判断
両室	・EMC と熱のトレード OFF 検証 ・配線パターンでの放伝熱設計	・車載模擬した実験要領構築 ・半導体の Tj 測定方法	・IC、FET の詳細モデル化 ・伝熱解析の検討会開催
伝熱技術設計者	・伝熱技術アイテムのベンチマーク ・きょう体設計者との連携	・恒温槽による温度測定試験 ・風洞による温度測定試験	・高精度モデルの標準化・簡易化 ・各材質の物性値の計測・調査

図 15-6　エレクトロニクス設計者とメカ伝熱技術設計者の業務分担

15.7　経営スタイル　―マネジメントスタイル―

業務管理は、自職場ならではの文化や風土、判定基準などを組みこんで、マネジメントスタイルを構築します。社内でも各部門によりスタイルは異なりますのでアレンジ必要です。**図 15-7** に満足度向上・活性化するためのスタイル例を示します。伝熱解析を導入する初期段階は、ニーズの吸い上げが重要です。

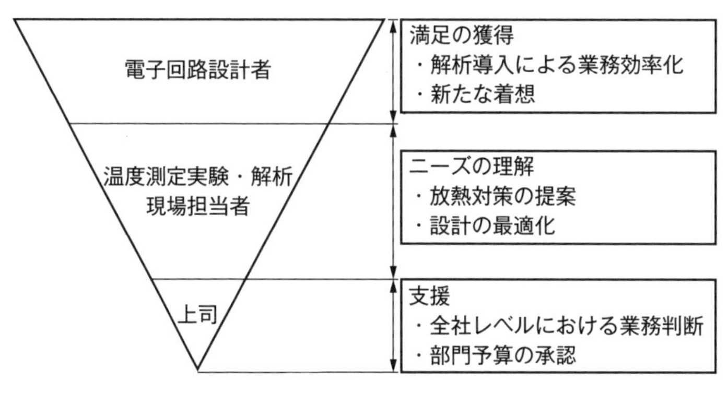

図 15-7　電子回路設計者と伝熱設計者の活性化するスタイル

業務の効率化が課題になっている部署や、製品力向上できる着想やアイディアが欲しい部署など、必要なニーズに応じてスタイルを作ります。例えば、効率化については、伝熱設計は後対策すれば費用がかかるため、企画段階から検討に入り、設計プロセスを変更するスタイルにしていきます。製品力向上には、社内外の放熱対策方法を事前に調査し、30アイテム程度アイディアを持っておくとよいでしょう。

開発費、対策アイテム費を抑えた競争力のある製品を目指せるために、設計者、担当者は、実験費用と解析費用の割り振りを上司へ定量化して提案できるようにしてください。

15.8 価値観 ― ECUにおける熱マネジメントのビジョン ―

先手の伝熱設計ができるように、価値観の共有・コンセプトが必要です。コンセプトは前述してきた3つです。

1つめは第10章で説明したように合理的に仮説を立てることです。フロント

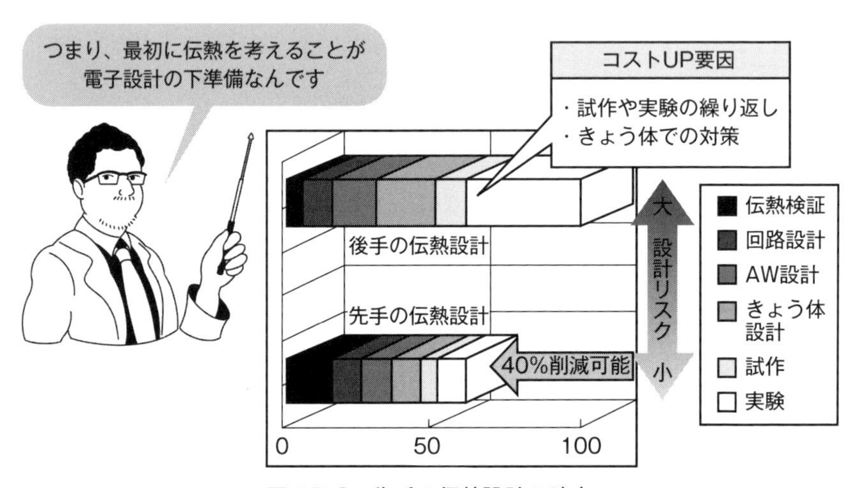

図15-8　先手の伝熱設計の確立

ローディングの確立のため、構想段階での論理設計、手戻りを削減した工数短縮が可能になるよう、設計プロセスの最初の段階で、伝熱解析による伝熱設計プロセスを組んでいきます。そして、判定基準を満足する仮説を立てるのです。こうすることで、試作品での温度測定実験のみをしている時より、工数の大幅削減が可能です。

2つめに、適材適所の人員を配置し、エレ、メカ、解析設計者を連携できるようすることです。専門知識が必要な要素に対して、各人が担当し穴埋めしながらチームとして成り立つようにします。

最後に伝熱検証の方法として、高精度な伝熱解析を構築していくことです。これは、めど立てできる解析レベルではなくて、温度測定レスできるレベルの高精度化を確立することです。

価値観については、製品や事業所によって異なりますので、チームを構成するにあたり、ビジョンを決めることが大事です。以上のことを参考にしながら、実験と解析を連携できるようにしていきましょう。

15.9　まとめ

以上まとめますと、自動車業界においては、信頼性高い製品（部品）を提供するために伝熱対策は必須です。そして、実際にそれを支える伝熱技術を作り、体系化し、進化させてきました。自動車のエレクトロニクス化はとどまるところを知らず、主機のエンジンも HV、EV、FCV のようにモータとの併用が進むと予想されます。OEM、Tier1、Tier2 各社が連携して、不具合を未然に防げるよう努めていくのは、我々伝熱技術者の使命です。その企業間連携の1つとして、解析技術は必須です。その効率化のために、素子の過渡伝熱モデルを規格化し、各社がスムーズに使えるようにしていきたいです。そうすれば、電子機器の開発スピードが上がり、最終的には国内全体のエレクトロニクスの技術力が底上げされ、日本企業の国際競争力が上がると考えています。

出たとこ勝負の発熱対策ではなく、論理的な伝熱設計を実施しておくことは、日本工業の進展に寄与するものであります。この本が、皆さんの技術のエッセンスになれば、幸いです。

おわりに

この本を手に取っていただき、本当にありがとうございました。何万とある本の中で本書を手に取っていただけるだけでも奇跡的なことですが、立ち読みでおわらず、最後まで読んでいただけたのには感謝しかございません。

私は、バブルが始まった1987年に国立大分高専を卒業し、デンソーの前身である日本電装に入社しました。そのリクルートパンフレットに、「未来のクルマというものは、寝ていても目的地に到着するようになっていたらいいね」と書かれていました。その頃は、ツインカム24とかDOHCターボとかのメカが全盛の時代。このパンフレットは、まったく新しいエレクトロニクス技術が到来するかもしれない、まさに夢のようなクルマをイメージさせてくれました。そして、その通り、昨今では自動運転技術が現実になろうとしています。

入社後、動力の中枢であるエンジンECU、頭脳であるナビECUを設計しました。社内配属は、自分の意思ではなんともできないものですが、振り返ってみると、20歳の時に思い描いた夢の技術の基礎を設計させてもらっていたのです。しかし、ECUの設計はなかなか思うようにはいきません。大きくつまずいたのが、コンピュータの放熱課題です。電子工学の知識だけでは、うまく解決できないと思いました。理由は、伝熱技術は、機械工学の領域だからです。もっとも、現在の大学課程でも電子工学の学生には、伝熱技術は必須教育になっていません。私は、それならこのユニークな技術領域で、機械工学の博士課程を修了しようと決めました。放送大学で不足した大学課程分の単位を取り、現在は東京工業大学工学院に入って論文をまとめている最中です。

その東京工業大学と㈱デンソーは、2020年4月にデンソーモビィリティ協働研究拠点を設置いたしました。自動車用部品の放熱技術に関する応用研究を深化させ、電子・半導体・電気・機械・通信などの専門分野の異なる大学研究者と企業設計者が手を取り合って事業開発をめざすことになりました。そして、他社とのオープンイノベーションを推進しています。

（デンソーHP　https://www.denso.com/jp/ja/news/newsroom/2020/20200401-01/）

よく技術者は、深い専門性を２つ以上持てといわれます。それをパイ（π）型人材、大学ではダブルメジャーともいわれますが、２つの足（縦幅）で立ち、幅広い知識（横幅）を武器にして、違う角度からの物事の判断が必要になるわけです。

工学分野の隙間の技術（ここでいう電子工学と機械工学）は、極端にエンジニアの数が少ないブルーオーシャンの領域です。特に自動車業界は、複数の専門知識を活用しながらモノづくりをしていきます。本書の内容を実践すれば、あなたは基礎的な伝熱の課題解決力が身につき、貴重な伝熱設計者になれるでしょう。そして、日本の工業発展のため、深く幅のある技術で一緒にイノベーションを生み出していきましょう。

最後に、私のメンターである㈱サーマルデザインラボの国峯尚樹社長、ご教授賜った東工大の伏信一慶教授、富村寿夫元教授、研究員の安井龍太さん、中溝裕己さん、この伝熱技術の世界で協力を賜ったシーメンス㈱の冨田直人さん、IDAJの中嶋達也さん、増田健一郎さん、構造計画研究所の島田憲成さん、編集にお力いただいたデンソーの加藤恵一さん、飯田卓さん、平沢憲也さん、松岡弘芝さん、ECUの伝熱技術者としての道を創っていただいた熊野幹夫さん、林新之助さん、矢野健三さん、水谷彰宏さん、梅本悟さん、全面的にお世話いただいた日刊工業新聞社の鈴木徹部長に心から感謝いたします。

著者紹介

篠田　卓也（しのだ　たくや）

㈱デンソー、エレクトロニクス製品基盤技術部。

1967年東京生まれ、大分育ち。1987年国立大分高専電気工学科を卒業し、デンソーに入社。その後、グロービス、放送大学を経て、現在東京工業大学工学院機械科博士課程に在学中。

デンソーでは、エンジン制御用、ナビ用のコンピュータの開発・設計に従事、その後、エレクトロニクスの伝熱技術を専任。電子系熱技術委員会を設置し、全てのコンピュータの熱技術コンサルを実施。熱抵抗と熱容量で構成される過渡熱（RC）モデルを開発し、JEITA日本規格化、IEC国際規格化を予定。

2020年、東京工業大学に「デンソーモビリティ協働研究拠点」の立ち上げに尽力。産学連携の研究開発をコーディネート中。2021年、デンソーの研究開発業務と並行して、父の事業を承継し、㈱フジデリバリー代表取締役社長に就任。併せて電子機器の伝熱技術のサービスを開始し、社内外にコンピュータの伝熱技術を支援。電子設計、筐体設計のフロントローディングが自身のテーマであり、解析の高度化に着目し、70％以上の設計コスト効率化を実現。e-mail：takuya.shinoda.ceo@fujidelivery.com、ホームページ　http://www.fujidelivery.com/

【学会・委員会活動】

自動車技術会：国際標準記述によるモデルベース開発技術部門委員会

JEITA「熱設計技術SC」「半導体パッケージング技術委員会」「サーマルマネージメント標準化検討G」「パッケージ基板評価法TF」「国プロ　熱設計　戦略委員会」

日本能率協会「テクノフロンティア企画委員」

【受賞歴】

自動車技術会　2019年春季大会 学術講演会 優秀講演発表賞　受賞、JEITA2020半導体標準化専門委員会　功労賞　受賞

自動車エレクトロニクス「伝熱設計」の基礎知識
—小型・高性能化する自動車用電子制御ユニット(ECU)の熱対策技術
NDC 533.1

2021年11月30日　初版1刷発行　（定価は、カバーに表示してあります）

©著　者　篠田卓也
発行者　井水治博
発行所　日刊工業新聞社
東京都中央区日本橋小網町14-1
（郵便番号　103-8548）
電　話　書籍編集部　03-5644-7490
販売・管理部　03-5644-7410
FAX　03-5644-7400
振替口座　00190-2-186076
URL　https://pub.nikkan.co.jp/
e-mail　info@media.nikkan.co.jp

印刷・製本　美研プリンティング
本文似顔絵イラスト　岡本　佑依

落丁・乱丁本はお取り替えいたします。　2021 Printed in Japan
ISBN978-4-526-08167-5　C 3054